U0202635

威海市建筑工程质量精致建设标准指导图册

威海市建筑业协会　组织编写

中国建筑工业出版社

图书在版编目（CIP）数据

威海市建筑工程质量精致建设标准指导图册 / 威海市建筑业协会
组织编写 . — 北京：中国建筑工业出版社，2018.12
ISBN 978-7-112-22979-6

Ⅰ. ①威…　Ⅱ. ①威…　Ⅲ. ①建筑工程-工程质量-质量管
理-标准化-威海-图集　Ⅳ. ① TU712.3-65

中国版本图书馆 CIP 数据核字（2018）第 257878 号

　　责任编辑：曹丹丹
　　责任校对：李美娜

威海市建筑工程质量精致建设标准指导图册
威海市建筑业协会　组织编写
*
中国建筑工业出版社出版、发行（北京海淀三里河路9号）
各地新华书店、建筑书店经销
北京建筑工业印刷厂制版
天津图文方嘉印刷有限公司印刷
*
开本：880×1230毫米　1/16　印张：7$\frac{1}{2}$　字数：230千字
2018年12月第一版　2018年12月第一次印刷
定价：**88.00**元
ISBN 978-7-112-22979-6
（33070）
版权所有　翻印必究
如有印装质量问题，可寄本社退换
（邮政编码 100037）

《威海市建筑工程质量精致建设标准指导图册》
编写委员会

主 任 委 员：王传波

副主任委员： 王　奋　　丁金涛　　孙洪新　　陆海荣　　王剑雄　　臧春光　　王建华

编制组成员： 张　涛　　曾海洋　　王　琛　　朱伟屹　　李海强　　袁　铭　　肖金光　　王　哲
　　　　　　　张　猛　　邹巍寅　　刘立峰　　于明龙　　吕　军　　胡书允　　毕维忠　　邢　威
　　　　　　　韩雪峰　　孙玉静　　涂进笔　　邢万成　　吕晓杰　　冯　振　　纪　成　　毕　伟
　　　　　　　荣龙飞　　刘　琨　　梁　超　　刘晓明　　孙　凯　　王　震

编 制 单 位：威海市建筑业协会

威海市住房和城乡建设局

威住建通字〔2018〕99号

威海市住房和城乡建设局
关于印发《推进建筑工程质量管理标准化 建设
精致工程工作实施方案》的通知

各区市建设局，国家级开发区建设局，南海新区建设局，局属各单位，各科室，各有关单位：

为深入贯彻习近平总书记视察山东重要讲话精神，推进建筑工程质量管理标准化，建设精致工程，促进精致城市建设，根据省住建厅《关于印发＜山东省工程质量管理标准化工作实施方案＞的通知》（鲁建质安字〔2018〕14号）和市委市政府精致城市建设要求，市住建局制定了《推进建筑工程质量管理标准化 建设精致工程工作实施方案》，现印发给你们，请认真遵照执行。

威海市住房和城乡建设局

2018 年 9 月 17 日

推进建筑工程质量管理标准化 建设精致工程工作实施方案

为认真贯彻国家和省关于开展质量提升行动决策部署，创建"国家质量强市示范市"，进一步规范工程参建主体质量行为，加强全面质量管理，现就推进全市工程质量管理标准化、建设精致工程工作制定以下实施方案。

一、指导思想

深入学习贯彻党的十九大精神，以习近平新时代中国特色社会主义思想为指导，以习近平总书记视察山东重要讲话精神为遵循，坚持"百年大计、质量第一"方针，以打造精致工程为目标，注重"精当规划、精美设计、精心建设、精细管理、精准服务"，以施工现场为中心，以建设、设计、施工质量行为管理标准化和实体质量控制标准化为重点，以健全施工单位、建设（房地产开发）单位质量管理体系为主线，压实企业主体责任，提高现场管控能力，促进工程质量均衡提升。

二、工作目标

力争到 2020 年底，全面实现建筑工程质量管理标准化。具体目标是：

（一）工程质量管理效能明显提升。施工单位、建设（房地产开发）单位等参建主体完善质量决策、保证、监督机制，强化内控管理，全面建立自我约束、持续改进、有效运转的企业质量管理体系。提升全员质量意识，规范全员质量行为，使中小企业的质量管理能力明显增强，促进全市工程质量管理水平"低提、中升、高精"均衡发展。

（二）工程实体质量水平明显提高。全面建立工程实体质量关键节点、关键工序和质量验收的标准化流程和内容清单，实现工序标准化、工艺标准化、细部做法标准化精细化；完善三级技术交底制度，全面落实"三检一交"、见证取样、样板引路、分户验收、工程质量常见问题预防与控制、施工资料管理、项目管理信息化等制度。工程项目施工质量与工程建设强制性标准执行符合率达到 100%，住宅工程质量常见问题治理措施覆盖率达到 100%。

三、主要内容

工程质量管理标准化，是依据有关法律法规和工程建设规范标准，从工程开工到竣工验收备案的全过程，对施工单位、建设（房地产开发）单位等各方主体的质量行为和工程实体质量控制实行的规范化管理活动。其核心内容是质量行为标准化和实体质量控制标准化。

（一）质量行为标准化。依据《建筑法》《建设工程质量管理条例》《建设工程项目管理规范》GB/T 50326、《工程建设施工企业质量管理规范》GB/T 50430 和 ISO 9001 质量管理体系等法律法规和规范标准，按照"体系健全、制度完备、责任明确"的要求，健全企业质量管理体系，提高运转效率，强化全面管理，提高质量水平。

（二）实体质量控制标准化。依据《建筑工程施工质量验收统一标准》GB 50300 等现行工程建设质量标准和规范，围绕实体质量形成过程，遵循"施工按规范、验收按标准、操作按工艺规程"的原则，从建筑材料、构配件和设备进场质量控制、施工工序控制及质量验收控制，对地基基础、主体结构、装饰装修、设备安装、建筑节能、屋面防水等分部分项工程中关键工序、节点质量标准和质量要求作出统一基本规定。

四、工作任务

（一）强化标准引领作用。编制全市建筑工程质量精致建设标准指导图册，着重从观感质量方面直观展示建筑工程重要部位、主要分部的精致精细做法，作为全市建筑工程质量管理标准化、建设精致工程实施指南。组织学习工程质量管理标准化做法和管理经验，强化工程建设强制性标准落实，充分发挥

标准的保障作用和高端引领作用。(市质监站牵头,局勘察设计科、各区市建设主管部门具体负责)

(二)推进建筑设计精细化。全面推行装配式、装修一体化设计,促进各专业一体化协同、技术集成化。落实住宅全装修设计专篇、质量常见问题防治设计专篇制度,规范室内装修等专业设计行为,提高设计文件相互关联处的深度和精美设计水平。(局勘察设计科牵头,各区市建设主管部门具体负责)

(三)建立施工阶段深化设计制度。由建设单位牵头,组织设计、施工单位对图纸表达不清楚、做法较为复杂、设计深度不到位的部位、环节特别是专业设计图纸进行细化、补充和优化完善,经签章的深化设计文件作为施工依据,直接指导现场施工。(市质监站牵头,局勘察设计科、各区市建设主管部门具体负责)

(四)强化建设单位质量首要责任。建设(房地产开发)单位对工程质量负总责,开工前书面通知各参建方,明确项目负责人、技术(质量)负责人等管理职责和岗位,履行建设单位质量管理职责,提供经审查合格的施工图设计文件,及时组织设计交底,参与工程验收,及时确认施工过程文件。涉及结构和主要使用功能的重大设计变更需经设计单位项目(技术)负责人审查签字并书面确认。科学确定合理工期,实施有效管控,房屋建筑工程混凝土结构施工每层工期原则上不少于5日。确需压缩工期的,提出保证工程质量和安全的技术措施及方案,经专家论证通过后方可实施。建设单位要求压缩工期的,因压缩工期所增加的费用由建设单位承担,随工程进度款一并支付。(局工程科牵头,市质监站、各区市建设主管部门具体负责)

(五)严格现场质量关键岗位管理。全面落实施工单位质量关键岗位责任制,明确岗位职责,编制《质量手册》,实行《质量记录》。在施工现场主要入口公示项目质量管理体系图、质量目标及项目负责人、项目技术负责人和专职质量管理人员等关键岗位人员信息(含照片),在办公场所内悬挂本人岗位职责。关键岗位人员与招投标文件一致,到岗履职情况记入施工日志,不得随意擅自更换。严格领导带班制度,由企业负责人、分公司(办事处)负责人定期带队检查工程项目质量管理和实体情况,留存检查工作影像记录和整改情况,在企业和施工现场分别存档备查。保障质量工作必须的人员、经费和设备,现场配备足够的现行规范标准、测量工具、检测仪器和设备,设置满足工程需求的养护室或养护箱。(市质监站牵头,各区市建设主管部门具体负责)

(六)推行工程质量风险源管控机制。施工企业在编制施工组织设计、专项施工方案时,应结合项目特点编制工程质量风险源分析与预控方案,在设计交底、图纸会审、施工组织、过程控制和验收整改等阶段,实施针对性管控。健全三级技术交底制度,提高技术交底的深度和针对性,及时签署交底文件并留档,鼓励推行可视化交底,设置班前讲评台,采用图册、图版、视频、虚拟技术等提升交底成效。(市质监站牵头,各区市建设主管部门具体负责)

(七)全面实施样板引路制度。施工现场的建筑材料、构配件和设备,按照品种、规格分类堆放并设置标识牌,有条件的建立样品库,入库样品与工程实际使用一致。施工现场实施工程质量样板示范制度,制订工程质量样板示范工作方案,分阶段、分步骤地设置工序样板、工艺样板、中间交付样板、竣工样板,以现场示范操作、视频动画、图片文字、实物展示、样板间等形式分阶段直观展示关键部位、关键工序的做法与要求。单体工程设立样板墙(面积不小于10平方米)或样板间,单体工程超过1万平方米、住宅小区超过2万平方米设置样板间、样板套或样板层。鼓励企业制作定型化、可移动的实物样板,有条件的可设置集中的多类型、多工序、多工种的质量样板基地。(市质监站牵头,各区市建设主管部门具体负责)

(八)加强建筑材料管控。按照"谁采购谁负责、谁验收谁负责"的原则,完善工程材料、构配件和设备管理制度,规范采购、进场验收、现场管理及不合格品的控制。严格执行见证取样制度,严禁使用未经检测或者经检测质量不合格的建筑材料。(市质监站牵头,各区市建设主管部门具体负责)

(九)严格工程质量过程检查制度。对工序、分项、分部及单位工程质量验收严格执行"三检一交"制度,上道工序不合格不得进入下一道工序施工。(市质监站牵头,各区市建设主管部门具体负责)

(十)深入开展工程质量常见问题治理活动。深入治理裂缝、渗漏、厨卫间反味串味等突出问题,推行常见问题预控环节标准化,建设单位在设计要求中明确治理目标;开工前下达《住宅工程常见问题专项治理任务书》,组织审批施工专项治理方案,明确专项治理费用和奖罚措施;建设过程中及时督促参建各方落实专项治理责任。对保障性住房工程应当按照 100% 的比例进行见证取样与送检。工程经质量分户验收,并组织治理情况自评,形成专项治理自评报告后,再组织竣工验收。(市质监站牵头,各区市建设主管部门具体负责)

(十一)严格住宅工程质量分户验收和竣工预验收制度。落实住宅质量分户验收制度,确保住宅工程的质量和使用功能。落实竣工预验收制度,组织竣工验收前,必须严格按照工程预验收条件、程序组织工程预验收,预验收合格后方可组织竣工验收。(市质监站牵头,各区市建设主管部门具体负责)

(十二)积极推进 BIM 技术应用。鼓励企业加大建筑信息模型(BIM)、云平台、移动通讯等信息技术应用力度,加强设计、施工环节工程建设预控、过程管控,实现施工质量管理标准化精细化。(局勘察设计科牵头,市质监站配合)

(十三)建立责任追溯制度。加强施工记录和验收资料管理,建立施工过程质量责任标识制度,推广工程质量关键工序影像资料留存管理,与施工技术资料一并归档,保证工程质量的可追溯性。(市质监站牵头,各区市建设主管部门具体负责)

(十四)提高一线工人操作技能。逐步建立以施工承包企业自有建筑工人为骨干、专业作业企业自有建筑工人为主体的多元化用工方式。建立农民工信息数据库,进行实名制数据应用,将实名制管理与企业诚信体系、市场准入、评优评先、欠薪处理等相结合。大力弘扬工匠精神和劳模精神,开展各工种职业技能竞赛,引导建筑工人加强自我学习、提高职业素养。(市建管处牵头,各区市建设主管部门具体负责)

(十五)提高工程质量监督标准化水平。创新监管方式,不断完善监督抽查抽测制度,实施差别化监管,加大对质量问题突出企业和项目的监督检查频次和力度,进一步提高监管效能。加强工程质量监督信息化建设,推动参建各方主体、监管部门等协同管理和共享数据,实现质量信息的有效反馈,通过信息化手段实现质量监督标准化。(市质监站牵头,各区市建设主管部门具体负责)

(十六)建立健全长效管理机制。按照"标杆引路、以点带面、有序推进、确保实效"的要求,建立基于质量行为标准化和工程实体质量控制标准化为核心内容的评价办法和评价标准。开展工程质量管理标准化、精致工程示范项目创建活动,组织示范项目的观摩、交流活动。建立健全质量管理体系,对工程质量管理标准化的实施情况及效果开展评价,定期通报工程质量管理标准化评价风险预警项目及企业名单。倡导优质优价,鼓励建设单位、施工单位及监理单位约定创建质量优良工程并在工程竣工结算时予以补偿或奖励,引导、保护企业质量提升的积极性。(局工程科牵头,市质监站配合,各区市建设主管部门具体负责)

五、推进步骤

我市推进建筑工程质量管理标准化、建设精致工程工作分三个阶段推进。

(一)试点示范阶段(2018 年 9 月至 2019 年 6 月)。组织召开动员大会,对各区市建设主管部门和相关企业推进全市工程质量管理标准化、建设精致工程工作进行安排部署,印发《威海市建筑工程质量精致建设标准指导图册》,开展学习培训活动,调动企业的参与度和积极性。各区市组织开展工程质量管理标准化试点工作,每市培育不少于 2 家试点企业(需包含高、中资质等级企业,兼顾施工、房地产开发企业)。试点企业制订试点实施方案,选择 2～3 个示范项目认真组织实施,形成企业和项目"全员"、"全过程"、"全环节"、"全方位"的质量管理工作标准和行为规范,建立适用于企业经营管理水平的、能在不同项目上可套用、可推广的工程质量管理标准化体系。

(二)逐步推广阶段(2019 年 6 月至 2020 年 6 月)。总结试点示范成功经验,逐步推广在一级以上施工企业和大中型房地产开发企业推进工程质量管理标准化。各区市形成具有推广、借鉴价值的管理制度、工作方案、工作流程和评价标准等成果。开展工程质量管理标准化、精致工程创建活动,进一步调整优化相关制度、流程,为全面实施奠定基础。

（三）全面实施阶段（2020年6月起）。在全市范围内的建筑施工企业、房地产开发单位和工程项目中全面实施工程质量管理标准化，各企业、工程项目要对照有关文件、标准、方案要求，不断完善相关质量管理制度，建立健全科学、规范、高效的质量管理标准化体系，基本实现企业管理和项目工程质量管理标准化。

六、保障措施

（一）提高认识，加强领导。

市住建局成立推进建筑工程质量管理标准化 建设精致工程工作领导小组，加强对工程质量管理标准化、建设精致工程工作的监督指导。各区市建设主管部门要高度重视，加强组织领导，督促参建各方落实主体责任，扎实推进工程质量管理标准化、建设精致工程工作。

（二）强化措施，有序推进。

各区市建设主管部门要结合本地区实际，按照《威海市推进建筑工程质量管理标准化 建设精致工程工作组织框图》，制订工作方案，明确目标任务、工作内容、进度安排、具体措施及监督管理要求等，确保工作有序有效开展。要坚持监管与指导并举，建立工作激励机制，提高企业和工程项目管理机构开展质量管理标准化、建设精致工程工作的积极性和主动性。

（三）加强宣传，营造氛围。

充分利用新闻报道、现场观摩、专题培训等形式，推介做法、交流经验、共享成果，快速提升工程质量管理标准化、建设精致工程工作的社会认知度，扎实推进企业标准化体系建设，营造浓厚社会氛围。

（四）加强监管，注重实效。

各区市建设主管部门要加强推进工程质量管理标准化、建设精致工程工作的监督检查，促进企业形成制度不断完善、工作不断细化、程序不断优化的持续改进机制，对于推进工程质量管理标准化、建设精致工程工作开展不力的单位和项目部，要责令限期整改，约谈有关单位主要负责人和项目部负责人，对较差或未开展工作的企业进行通报、将不良记录记入诚信档案。同时，每年6月底、12月底前报送工作推进情况，2020年11月底前报送工程质量管理标准化工作总结报告。

前　　言

　　近年来，我国经济发展已转向高质量发展阶段，中共中央、国务院对开展质量提升行动作出决策部署，住房和城乡建设部及山东省住建厅先后对开展工程质量管理标准化工作进行安排，威海市委市政府对建设精致城市提出工作要求。为全面推进建筑工程质量管理标准化，提升质量行为管理标准化和实体质量控制标准化水平，打造精致工程，促进精致城市建设，依据国家相关标准，结合我市实际情况，按照威海市住房和城乡建设局关于印发《推进建筑工程质量管理标准化　建设精致工程工作实施方案》的通知要求，威海市建筑业协会组织编写了《威海市建筑工程质量精致建设标准指导图册》（以下简称《图册》），作为全市建筑工程质量管理标准化、建设精致工程实施指南。

　　本《图册》包含室外工程、外墙工程、室内装饰装修工程、屋面工程、重要功能用房、建筑给水排水及采暖工程、通风与空调工程、建筑电气工程、建筑工程标识9个章节，在编制过程中经过了广泛调研，认真总结实践经验，参考了大量有关国家标准，以图文并茂的形式直观地明确了竣工工程观感质量验收标准。

　　本《图册》具有实用性、指导性和操作性，能够有效指导威海市建筑工程质量管理标准化工作的具体实施，同时也是各方责任主体学习、落实和执行质量标准的实用工具书。

　　本《图册》在编制过程中得到了威海市住房和城乡建设局的指导和支持，得到了威海建设集团股份有限公司、中国建筑第五工程局有限公司烟威分公司、中建三局第一建设工程有限责任公司、威海市建筑设计院有限公司、威海合力盛华建筑咨询服务有限公司等单位的大力帮助，在此深表感谢。由于编者水平有限，经验不足，再加上时间仓促，难免有疏漏和不当之处，衷心欢迎大家提出宝贵意见和建议。

编者

2018 年 10 月

目　　录

第1章 室外工程

本章室外工程主要包含工程室外绿化、硬化、室外道路、散水、工程入口、坡道等施工内容（见图 1.0.1～图 1.0.6）。

图 1.0.1

图 1.0.2

图 1.0.3

图 1.0.4

图 1.0.5

图 1.0.6

1.1 室外地面

1.1.1 路面铺装不应使用大面积釉面和磨光面层材料。道路横坡度宜采用 1%～2%，人行道宜采用单向横坡，坡向应朝向雨水设施设置位置一侧（见图 1.1.1-1、图 1.1.1-2）。

图 1.1.1-1　　　　　　　　　　　　　　　图 1.1.1-2

1.1.2 人行道砖、石板缝宽 3～10mm，面层可用砂扫，洒水封缝或用水泥砂浆勾缝。室外广场板块铺装，粘贴牢固、接缝平整顺直、无色差（见图 1.1.2-1、图 1.1.2-2）。

图 1.1.2-1　　　　　　　　　　　　　　　图 1.1.2-2

1.1.3 沥青路面铺设平整、密实，无泛油、松散、裂缝等现象；路面标示线规整、顺直、清晰，观感效果好（见图 1.1.3-1、图 1.1.3-2）。

图 1.1.3-1　　　　　　　　　　　　　　　图 1.1.3-2

1.1.4 景观设计应布置合理，使居住区环境设计达到美观、温馨、舒适、健康和节能的目标（见图 1.1.4）。

1.1.5　路边垛石安装表面平整，弧度顺畅，拼缝严密，路边阳角宜坡角处理（见图 1.1.5）。

图 1.1.4

图 1.1.5

1.2　室外散水

1.2.1　散水应沿建筑物周边交圈设置，宜为 0.60 ～ 1.00m，当为无组织排水时，散水宽度可按檐口线放出 0.20 ～ 0.30m。坡度为 3% ～ 5%。整体散水变形分隔缝间距不宜大于 6m，进行合理排布，转角处应在 45°线上设置伸缩缝（见图 1.2.1-1、图 1.2.1-2）。

图 1.2.1-1

图 1.2.1-2

1.2.2　室外板块散水坡度正确，镶贴密实、牢固、无空鼓，分隔缝顺直清晰（见图 1.2.2）。

1.2.3　伸缩缝应清理干净后填嵌密实，宜打硅酮耐候密封胶（见图 1.2.3）。

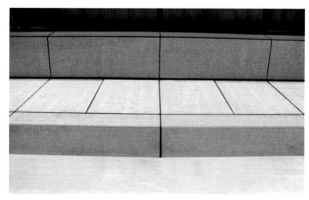

图 1.2.2

图 1.2.3

1.3 室外台阶、坡道及栏杆

1.3.1 台阶高度超过 0.70m 并侧面临空时，应有防护设施（见图 1.3.1）。

1.3.2 台阶上休息平台向外找坡 1%，与室内相连时应低于室内标高 15mm（见图 1.3.2）。

图 1.3.1   图 1.3.2

1.3.3 台阶踏步宽度不小于 0.30m，踏步高度不宜大于 0.15m 且不宜小于 0.10m，踏步应有防滑措施，外侧应出挑或做挡台避免雨水污染侧面（见图 1.3.3-1、图 1.3.3-2）。

图 1.3.3-1   图 1.3.3-2

1.3.4 无障碍出入口的轮椅坡道的净宽度不应小于 1.20m。轮椅坡道的高度超过 300mm 且坡度大于 1：20 时，应在两侧设置扶手。轮椅坡道起点、终点和中间休息平台的水平长度不应小于 1.50m。扶手应安装坚固，形状易于抓握（见图 1.3.4-1、图 1.3.4-2）。

图 1.3.4-1   图 1.3.4-2

1.3.5　地下车库出入口宽度，当设计为单车道时，宽度不应小于 4m；当设计为双车道时，宽度不应小于 7m（见图 1.3.5-1、图 1.3.5-2）。

图 1.3.5-1　　　　　　　　　　　　　　　　　　图 1.3.5-2

1.3.6　选用栏杆、栏板时应根据建筑物的使用功能，合理安全地选用栏杆、栏板的材质及样式。住宅等儿童经常活动的建筑和场所，不应选用有横向花饰的栏杆，以免儿童攀爬发生危险（见图 1.3.6-1、图 1.3.6-2）。

图 1.3.6-1　　　　　　　　　　　　　　　　　　图 1.3.6-2

1.3.7　玻璃栏板玻璃必须按设计要求采用夹层玻璃或钢化夹层玻璃，立柱及扶手宜采用不锈钢材质（见图 1.3.7-1、图 1.3.7-2）。

图 1.3.7-1　　　　　　　　　　　　　　　　　　图 1.3.7-2

1.3.8 玻璃采光顶、玻璃雨篷应有合理的排水及避雷措施，玻璃面板单块面积不宜大于 2.50m^2，长边边长不宜大于 2m（见图 1.3.8-1、图 1.3.8-2）。

图 1.3.8-1

图 1.3.8-2

1.3.9 室外地面宜比室内地面低 15mm，且与室内地面预留 20mm 缝隙（宜设在门口位置），入口门底部应进行防水密封，室外平台宜向外找坡（见图 1.3.9-1、图 1.3.9-2）。

图 1.3.9-1

图 1.3.9-2

1.3.10 防雷接地测试点，预埋扁铁及线盒大小尺寸一致，线盒与墙面平齐，测试点应进行标识，高度、尺寸与相邻沉降观测点一致（见图 1.3.10-1、图 1.3.10-2）。

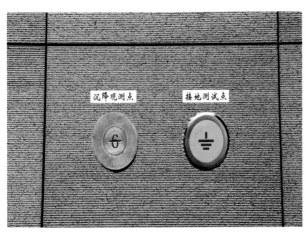

图 1.3.10-1

图 1.3.10-2

第2章　外墙工程

本章外墙工程主要包含涂料、金属与石材、玻璃幕墙及门窗等施工内容（见图 2.0.1、图 2.0.2）。

图 2.0.1

图 2.0.2

2.1 涂料外墙

2.1.1 涂饰工程应涂饰均匀、粘结牢固、不得漏涂、透底、开裂、起皮、掉粉和返锈（见图 2.1.1-1、图 2.1.1-2）。

图 2.1.1-1   图 2.1.1-2

2.1.2 涂层与其他装修材料衔接处应吻合，界面应清晰（见图 2.1.2-1、图 2.1.2-2）。

图 2.1.2-1   图 2.1.2-2

2.1.3 檐口、阳台、雨篷等部位应做滴水槽（线），滴水槽（线）应顺直整齐，滴水线应内高外低，滴水槽的宽度、深度均应不小于 10mm，槽端距侧墙面宜控制在 20mm，端距应保持一致（见图 2.1.3-1、图 2.1.3-2）。

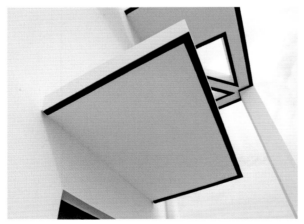

图 2.1.3-1   图 2.1.3-2

2.2 金属与石材幕墙

2.2.1 石材幕墙表面应平整、洁净，无污染、缺损和裂痕。颜色和花纹应协调一致，无明显色差，无明显修痕（见图 2.2.1-1、图 2.2.1-2）。

图 2.2.1-1

图 2.2.1-2

2.2.2 石材排版应美观，胶缝宜与外窗、挑檐、腰线造型等位置对应（见图 2.2.2）。

2.2.3 石材表面不得有凹坑、缺角、裂缝、斑痕（见图 2.2.3）。

图 2.2.2

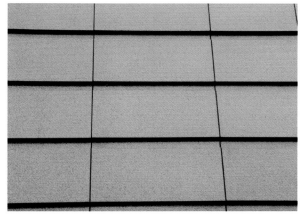

图 2.2.3

2.2.4 石材幕墙中的单块石材板面面积不宜大于 1.50m^2，厚度不应小于 25mm，胶缝应横平竖直，表面应光滑无污染（见图 2.2.4-1、图 2.2.4-2）。

图 2.2.4-1

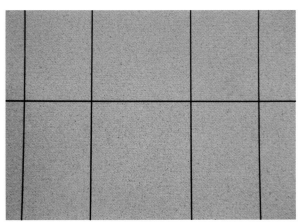

图 2.2.4-2

2.2.5　阳角可采用定型 L 形石材安装或对缝衔接，对缝衔接时，留缝应均匀、大角应顺直、接缝严密，填嵌密实、连续，密封胶面平整光滑、无污染（见图 2.2.5-1、图 2.2.5-2）。

图 2.2.5-1　　　　　　　　　　　　　　　　　图 2.2.5-2

2.2.6　幕墙面板接缝应横平竖直，大小均匀，目视无明显弯曲扭斜，胶缝外应无胶渍。金属板材表面应平整，站在距幕墙表面 3m 处肉眼观察时不应有可觉察的变形、波纹或局部压砸等缺陷（见图 2.2.6-1、图 2.2.6-2）。

图 2.2.6-1　　　　　　　　　　　　　　　　　图 2.2.6-2

2.2.7　外墙石材与挑檐、腰线、门窗间缝隙应采用密封胶打胶处理。挑檐 45°对称铺贴。打胶应顺直、表面光滑饱满、宽度一致（见图 2.2.7-1、图 2.2.7-2）。

图 2.2.7-1　　　　　　　　　　　　　　　　　图 2.2.7-2

2.2.8　外墙石材在挑檐、窗口上沿部位宜做滴水槽（线）（见图 2.2.8-1、图 2.2.8-2）。

图 2.2.8-1　　　　　　　　　　　　　　　　图 2.2.8-2

2.3　玻璃幕墙

2.3.1　玻璃幕墙表面应平整、洁净，整幅玻璃的色泽应均匀一致，不得有污染和镀膜损坏（见图 2.3.1-1、图 2.3.1-2）。

图 2.3.1-1　　　　　　　　　　　　　　　　图 2.3.1-2

2.3.2　玻璃幕墙与其他幕墙及装饰构件应造型对应，外露框与石材胶缝对应，整体美观自然（见图 2.3.2-1、图 2.3.2-2）。

图 2.3.2-1　　　　　　　　　　　　　　　　图 2.3.2-2

2.3.3 玻璃幕墙的外露框、压条、装饰构件、嵌条、遮阳板等应平整（见图2.3.3-1、图2.3.3-2）。

图2.3.3-1   图2.3.3-2

2.3.4 点支撑玻璃幕墙不锈钢件的光泽度应与设计相符，且无锈斑，玻璃幕墙大面应平整，胶缝应横平竖直、缝宽均匀、表面平滑，钢结构焊缝应平滑，防腐涂层应均匀、无破损（见图2.3.4-1、图2.3.4-2）。

图2.3.4-1   图2.3.4-2

2.3.5 玻璃幕墙用硅酮结构密封胶厚度不应小于6mm，其宽度不应小于7mm，且宽度大于厚度，但不宜大于厚度的2倍。隐框玻璃幕墙硅酮结构密封胶的粘结厚度不应大于12mm。（见图2.3.5-1、图2.3.5-2）。

图2.3.5-1   图2.3.5-2

2.3.6　幕墙开启窗应启闭方便，避免设置在梁、柱、隔墙等位置。幕墙开启扇的开启角度不宜大于 30°，开启距离不宜大于 300mm（见图 2.3.6-1、图 2.3.6-2）。

图 2.3.6-1

图 2.3.6-2

第3章 室内装饰装修工程

本章室内装饰装修工程主要包含内墙涂饰、吊顶、饰面砖、裱糊与软包、门窗、细部等施工内容（见图 3.0.1、图 3.0.2）。

图 3.0.1

图 3.0.2

3.1 内墙涂饰

3.1.1 水性涂料涂饰工程的颜色、图案应符合设计要求，应涂饰均匀、粘结牢固，不得漏涂、透底、起皮和掉粉（见图 3.1.1）。

3.1.2 溶剂型涂料涂饰工程的颜色、光泽、图案应符合设计要求，应涂饰均匀、粘结牢固，不得漏涂、透底、起皮和返锈（见图 3.1.2）。

图 3.1.1　　　　　　　　　　　　　　　　　图 3.1.2

3.1.3 美术涂饰工程应涂饰均匀、粘结牢固，不得漏涂、透底、起皮、掉粉和返锈（见图 3.1.3）。

3.1.4 美术涂饰工程的套色、花纹和图案应符合设计要求，表面应洁净，不得有流坠现象（见图 3.1.4）。

图 3.1.3　　　　　　　　　　　　　　　　　图 3.1.4

3.1.5 仿花纹涂饰的饰面应具有被模仿材料的纹理，套色涂饰的图案不得移位，纹理和轮廓应清晰（见图 3.1.5）。

3.1.6 涂层与其他装修材料和设备衔接处应吻合，界面应清晰（见图 3.1.6）。

图 3.1.5　　　　　　　　　　　　　　　　　图 3.1.6

3.2 地面

3.2.1 自流平及涂料面层表面应光洁，色泽应均匀、一致，不应有起泡、泛砂等现象（见图3.2.1）。

3.2.2 水泥混凝土整体面层表面平整，不应有裂纹、脱皮、麻面、起砂等缺陷。分隔缝间距合理、嵌填密实（见图3.2.2）。

图 3.2.1

图 3.2.2

3.2.3 PVC卷材地面应粘结牢固，面层不应有断裂、起泡、空鼓、脱胶、溢胶、翘边等现象（见图3.2.3-1、图3.2.3-2）。

图 3.2.3-1

图 3.2.3-2

3.2.4 实木地板面层应刨平、磨光，无明显刨痕和毛刺等现象；图案应清晰、颜色应均匀一致。面层缝隙应严密，接头位置应错开，踢脚线应表面光滑、接缝严密、高度一致（见图3.2.4-1、图3.2.4-2）。

图 3.2.4-1

图 3.2.4-2

3.2.5　地毯表面不应起鼓、起皱、翘边、卷边、显拼缝、露线和无毛边，绒面毛应顺光一致，毯面应洁净、无污染和损伤（见图 3.2.5）。

3.2.6　地毯同其他面层连接处、收口处和墙边、柱子周围应顺直、压紧（见图 3.2.6）。

图 3.2.5

图 3.2.6

3.2.7　大理石、花岗石面层与基层结合应牢固，且应无空鼓（单块板边角允许有局部空鼓，但每自然间或标准间的空鼓板块不应超过总数的 5%）（见图 3.2.7）。

3.2.8　砖面层表面坡度应符合设计要求，不应有倒泛水和积水现象，与地漏、管道结合处应严密牢固，无渗漏（见图 3.2.8）。

图 3.2.7

图 3.2.8

3.2.9　踢脚线与柱、墙面应紧密结合，踢脚线高度及出柱、墙厚度符合设计要求且均匀一致。踢脚线出墙厚度宜小于 8mm（见图 3.2.9-1、图 3.2.9-2）。

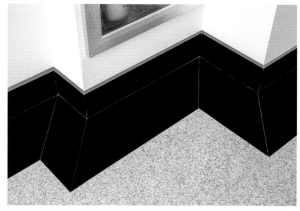

图 3.2.9-1

图 3.2.9-2

3.2.10 大理石、花岗石板块面层的表面应洁净、平整、无磨痕，且应图案清晰，色泽一致，接缝均匀，周边顺直，镶嵌正确，板块应无裂纹、掉角、缺棱等缺陷（见图 3.2.10）。

3.2.11 色带与地面分隔缝相结合，二缝合一，二次设计科学合理，整体美观。分格缝宜采用硅酮密封胶填塞密实（见图 3.2.11）。

图 3.2.10

图 3.2.11

3.2.12 电梯口过门石电梯轿厢门槛石处应向电梯厅找坡 2% ～ 5%，防止水流入电梯井（见图 3.2.12-1、图 3.2.12-2）。

图 3.2.12-1

图 3.2.12-2

3.3 墙面

3.3.1 石板、陶瓷板粘结应牢固，表面应平整、洁净、色泽一致，应无裂痕和缺损，石板表面应无泛碱等污染（见图 3.3.1）。

3.3.2 采用湿作业法施工的石板安装工程，石板应进行防碱封闭处理。石板与基体之间的灌注材料应饱满、密实，敲击无空鼓（见图 3.3.2）。

图 3.3.1

图 3.3.2

3.3.3　石板、陶瓷板填缝应密实、平直，填缝材料色泽应一致，木板、金属板、塑料板接缝应平直，宽度及深度应符合设计要求（见图3.3.3）。

3.3.4　饰面板上的孔洞应套割吻合，边缘应整齐（见图3.3.4）。

图 3.3.3

图 3.3.4

3.3.5　木板安装应牢固，木板表面应平整、洁净、色泽一致，无缺损（见图3.3.5）。

3.3.6　不同材质的面层宜在分界处嵌入玻璃条或铜条等分隔，提高观感质量（见图3.3.6）。

图 3.3.5

图 3.3.6

3.3.7　裱糊后各幅拼接应横平竖直，拼接处花纹、图案应吻合，应不离缝、不搭接、不显拼缝（见图3.3.7）。

3.3.8　壁纸、墙布应粘贴牢固，不得有漏贴、补贴、脱层、空鼓和翘边（见图3.3.8）。

图 3.3.7

图 3.3.8

3.3.9 裱糊后的壁纸、墙布表面应平整,不得有波纹起伏、气泡、裂缝、皱折;表面色泽应一致,不得有斑污,斜视时应无胶痕(见图3.3.9)。

3.3.10 壁纸、墙布与装饰线、踢脚板、门窗框的交接处应吻合、严密、顺直。与墙面上电气槽、电气盒的交接处套割应吻合,不得有缝隙(见图3.3.10)。

图 3.3.9　　　　　　　　　　　　　　　图 3.3.10

3.3.11 壁纸、墙布阴角处应顺光搭接,阳角处应无接缝(见图3.3.11)。

3.3.12 单块软包面料不应有接缝,四周应绷压严密。需要拼花的,拼接处花纹、图案应吻合(见图3.3.12)。

图 3.3.11　　　　　　　　　　　　　　　图 3.3.12

3.3.13 软包工程的边框表面应平整、光滑、顺直,无色差、无钉眼;对缝和拼角应均匀对称、接缝吻合。清漆制品木纹、色泽应协调一致(见图3.3.13)。

3.3.14 软包内衬应饱满,边缘应平齐。软包墙面与装饰线、踢脚板、门窗框的交接处应吻合、严密、顺直(见图3.3.14)。

图 3.3.13　　　　　　　　　　　　　　　图 3.3.14

3.3.15　内墙饰面砖粘贴应牢固，表面应平整、洁净、色泽协调一致。满粘法施工的饰面砖工程应无空鼓（见图 3.3.15）。

3.3.16　单面墙不宜多于两排非整砖，非整砖的宽度不宜小于原砖的 1/3（见图 3.3.16）。

图 3.3.15　　　　　　　　　　　　　图 3.3.16

3.3.17　内墙饰面砖表面应平整、洁净、色泽一致，应无裂痕和缺损（见图 3.3.17）。

3.3.18　内墙面凸出物周围的饰面砖应整砖套割吻合，边缘应整齐。墙裙、贴脸突出墙面的厚度应一致（见图 3.3.18）。

图 3.3.17　　　　　　　　　　　　　图 3.3.18

3.3.19　内墙饰面砖接缝应平直、光滑，填嵌应连续、密实；宽度和深度应符合设计要求（见图 3.3.19）。

3.3.20　墙面线盒、插座、检修口等的位置应符合设计要求。墙饰面与墙面线盒、插座、检修口、检修口周围应交接严密、吻合、无缝隙（见图 3.3.20）。

图 3.3.19　　　　　　　　　　　　　图 3.3.20

3.4 门窗工程

本节适用于木门窗、金属门窗、塑料门窗和特种门安装，以及门窗玻璃安装等分项工程的质量验收，建筑门窗安装应符合设计要求及国家现行标准的规定（见图 3.0.4-1、图 3.0.4-2）。

图 3.0.4-1

图 3.0.4-2

3.4.1　木门窗表面应洁净，不得有刨痕和锤印，割角和拼缝应严密平整，门窗框、扇裁口应顺直，刨面应平整（见图 3.4.1）。

3.4.2　木门窗上的槽和孔应边缘整齐，无毛刺，木门窗批水、盖口条、压缝条和密封条安装应顺直，与门窗结合应牢固、严密（见图 3.4.2）。

图 3.4.1

图 3.4.2

3.4.3　金属门窗表面应洁净、平整、光滑、色泽一致，应无锈蚀、擦伤、划痕和碰伤，漆膜或保护层应连续（见图 3.4.3）。

3.4.4　金属门窗框与墙体之间的缝隙应填嵌饱满，并应采用密封胶密封。密封胶表面应光滑、顺直、无裂纹（见图 3.4.4）。

图 3.4.3

图 3.4.4

3.4.5 塑料门窗表面应洁净、平整、光滑，颜色应均匀一致，可视面应无划痕、碰伤等缺陷，门窗不得有焊角开裂和型材断裂等现象（见图 3.4.5）。

3.4.6 推拉门窗扇必须安装防脱落装置（见图 3.4.6）。

图 3.4.5   图 3.4.6

3.4.7 特种门的表面应洁净，应无划痕和碰伤，表面装饰应符合设计要求（见图 3.4.7）。

3.4.8 人行自动门活动扇在启闭过程中对所要求保护的部位应留有安全间隙，安全间隙应小于 8mm 或大于 25mm（见图 3.4.8）。

图 3.4.7   图 3.4.8

3.4.9 门窗玻璃裁割尺寸应正确，安装后的玻璃应牢固，不得有裂纹、损伤和松动。门把手中心距楼地面的高度宜为 0.95 ～ 1.10m，窗扇的开启把手距装修地面高度不宜低于 1.10m 或高于 1.50m（见图 3.4.9-1、图 3.4.9-2）。

图 3.4.9-1   图 3.4.9-2

3.4.10 玻璃表面应洁净，不得有腻子、密封胶和涂料等污渍。中空玻璃内外表面均应洁净，玻璃中空层内不得有灰尘和水蒸气。门窗玻璃不应直接接触型材（见图 3.4.10-1、图 3.4.10-2）。

图 3.4.10-1

图 3.4.10-2

3.5 吊顶工程

3.5.1 吊顶龙骨及面板安装牢固，标高、尺寸、起拱、造型符合设计要求（见图 3.5.1）。

3.5.2 面层材料表面应洁净，色泽一致，不得有翘曲、裂缝及缺损，压条平直，宽窄一致（见图 3.5.2）。

图 3.5.1

图 3.5.2

3.5.3 吊顶面板上的灯具、烟感、喷淋头、风口篦子等设备的位置合理美观，与饰面板的交接吻合、严密（见图 3.5.3）。

3.5.4 超过 3kg 的灯具、电扇及其他设备应设置独立吊挂结构（见图 3.5.4）。

图 3.5.3

图 3.5.4

3.5.5　格栅吊顶工程的吊杆、龙骨和格栅的安装应牢固，吊杆和龙骨井进行表面防腐处理（见图 3.5.5）。

3.5.6　格栅表面应洁净、色泽一致，不得有翘曲、裂缝及缺损。格栅角度应一致，边缘应整齐，接口应无错位。压条应平直、宽窄一致（见图 3.5.6）。

图 3.5.5

图 3.5.6

3.5.7　格栅吊顶内楼板、管线设备等表面处理应符合设计要求，吊顶内各种设备管线应合理、美观（见图 3.5.7）。

3.5.8　石膏板、水泥纤维板的接缝按其施工工艺标准进行防裂处理，安装双层石膏板时，面层板与基层板的接缝错开（见图 3.5.8）。

图 3.5.7

图 3.5.8

3.5.9　石膏板吊顶应按要求留设伸缩缝，伸缩缝间隔距离应小于 6m，伸缩缝厚度为石膏板厚度，宽度为 10mm，宜加设不锈钢扣条（见图 3.5.9）。

3.5.10　板块面层吊顶的面层材料为玻璃板时，应使用安全玻璃并采取可靠的安全措施（见图 3.5.10）。

图 3.5.9

图 3.5.10

3.6 卫生间

3.6.1 卫生间板块铺贴前应进行二次优化设计，排砖合理，宜墙地砖对缝铺贴。卫生间地砖铺贴坡度准确，排水通畅、无渗漏，墙面拼缝顺直（见图3.6.1-1、图3.6.1-2）。

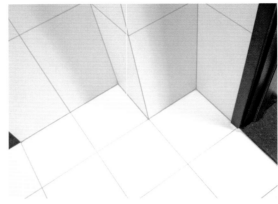

图 3.6.1-1
图 3.6.1-2

3.6.2 卫生间地面宜比相邻房间地面低 5～15mm（见图3.6.2）。

3.6.3 卫生洁具的安装应牢固、不松动。支架、托架应防腐良好，安装应平整、牢固，并应与器具接触紧密、平稳，安装标高一致，装饰面套割吻合（见图3.6.3）。

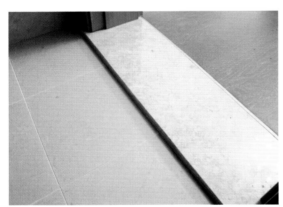

图 3.6.2
图 3.6.3

3.6.4 卫生洁具给水排水配件应安装牢固，无损伤、渗水；卫生洁具与墙体、台面结合部应进行防水密封处理（见图3.6.4）。

3.6.5 并列小便器的中心距离不应小于0.65m，安装规范、标高一致，宜在砖中心布置（见图3.6.5）。

图 3.6.4
图 3.6.5

3.6.6　无障碍厕位两侧距地面高 700mm 处应设长度不小于 700mm 的水平安全抓杆，另一侧应设高 1.40m 的垂直安全抓杆（见图 3.6.6）。

3.6.7　卫生间蹲便台阳角处宜铺贴理石色带或粘贴阳角条。蹲便台下应留设泄水孔（见图 3.6.7）。

图 3.6.6　　　　　　　　　　　　　　　　　图 3.6.7

3.6.8　卫生间洗面台上部的墙面应设置镜子，洗面台上的盆面至装修地面的距离宜为 800mm（见图 3.6.8）。

3.6.9　蹲便器安装，地砖排砖合理，套割吻合，坡度准确（见图 3.6.9）。

图 3.6.8　　　　　　　　　　　　　　　　　图 3.6.9

3.6.10　卫生间的地面应有坡度坡向地漏，坡度准确，不积水，不渗漏（见图 3.6.10）。

3.6.11　卫生间等用水房间地面不宜采用大于 300mm×300mm 的块状材料，且铺贴后不应影响排水坡度（见图 3.6.11）。

图 3.6.10　　　　　　　　　　　　　　　　　图 3.6.11

3.6.12　地漏的安装应平正、牢固，低于排水表面，周边无渗漏。严禁采用钟罩（扣碗）式地漏，地漏水封高度不得小于 50mm。定位尺寸结合装饰排砖，宜居中设置（见图 3.6.12-1、图 3.6.12-2）。

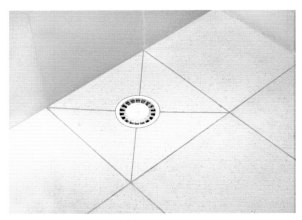

图 3.6.12-1

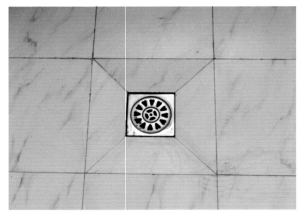

图 3.6.12-2

3.6.13　推广卫生间地漏防臭、防渗漏做法。深水封地漏（≥ 5cm）；多道防水设防；保护层防积水措施及整体装饰盖板等（见图 3.6.13-1、图 3.6.13-2）。

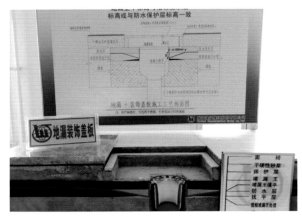

图 3.6.13-1

图 3.6.13-2

3.7　楼梯间

3.7.1　大理石、花岗岩面层表面应洁净、平整、无磨痕，且应图案清晰、色泽一致。板块接缝均匀，周边顺直，镶嵌正确，板块应无裂纹、掉角、缺棱等缺陷（见图 3.7.1-1、图 3.7.1-2）。

图 3.7.1-1

图 3.7.1-2

3.7.2 踏步面层应做防滑处理，齿角应整齐，防滑条应顺直、牢固（见图3.7.2）。

3.7.3 套内楼梯踏步临空处，应设置高度不小于20mm，宽度不小于80mm的挡台（见图3.7.3）。

图3.7.2 图3.7.3

3.7.4 楼梯间墙面腻子光滑洁净、阴阳角方正，无凹凸不平、扭曲等现象（见图3.7.4）。

3.7.5 色带及踢脚尺寸应均匀一致，踢脚上口平直，出墙厚度宜为8mm，宜为外倒圆角（见图3.7.5）。

图3.7.4 图3.7.5

3.7.6 临空栏杆离楼面、屋面面层的100mm高度内不宜留空，宜设挡台（见图3.7.6）。

3.7.7 自踏步前缘量起至扶手顶面高度应不小于900mm，水平扶手栏杆长度大于500mm时，栏杆高度不小于1.05m（见图3.7.7）。

图3.7.6 图3.7.7

3.7.8　栏杆应采用不易攀登的构造，垂直杆件间距不应大于 0.11m，有儿童经常使用的楼梯，梯井净宽大于 0.11m 时必须采取安全措施（见图 3.7.8）。

3.7.9　住宅梯段净宽不应小于 1.10 m，不超过六层的一边设有栏杆的梯段净宽不应小于 1.00m。踏步宽度不应小于 0.26m，高度不应大于 0.175m，平台净宽不应小于楼梯梯段净宽且不得小于 1.20m（见图 3.7.9）。

图 3.7.8

图 3.7.9

3.7.10　窗台宽度不小于 220mm，且高度不大于 450mm，为可踏面，栏杆高度自窗台量起不小于 900mm。立杆间距不大于 110mm（见图 3.7.10-1、图 3.7.10-2）。

图 3.7.10-1

图 3.7.10-2

3.7.11　楼梯底部应设滴水线，且连续设置，宽度宜为 50mm。可采用塑料、金属、面砖做滴水线。滴水线应连续、交圈（见图 3.7.11-1、图 3.7.11-2）。

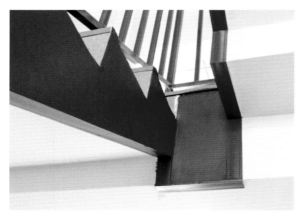

图 3.7.11-1

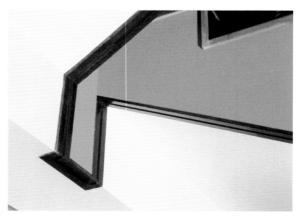

图 3.7.11-2

3.8 细部工程

3.8.1 本节主要包含固定橱柜、窗帘盒和窗台板、门窗套、护栏和扶手、花饰等施工内容（见图 3.8.1-1、图 3.8.1-2）。

图 3.8.1-1

图 3.8.1-2

3.8.2 橱柜配件应齐全，安装应牢固、抽屉和柜门应开关灵活、回位正确。橱柜表面应平整、洁净、色泽一致，不得有裂缝、翘曲及损坏（见图 3.8.2）。

3.8.3 住宅厨房单排布置设备的地柜前宜留有不小于 1.50m 的活动距离，双排布置设备的地柜之间净距不应小于 900mm（见图 3.8.3）。

图 3.8.2

图 3.8.3

3.8.4 窗帘盒和窗台板安装应牢固、表面应平整、洁净、线条顺直、接缝严密、色泽一致，不得有裂缝、翘曲及损坏，窗帘盒和窗台板与墙、窗框的衔接应紧密，密封胶缝应顺直、光洁（见图 3.8.4-1、图 3.8.4-2）。

图 3.8.4-1

图 3.8.4-2

3.8.5　门窗套安装应牢固、表面应平整、洁净、线条顺直、接缝严密、色泽一致，不得有裂缝、翘曲及损坏（见图3.8.5-1、图3.8.5-2）。

图3.8.5-1　　　　　　　　　　　　　　　图3.8.5-2

3.8.6　临空处护栏安装应牢固，接缝严密，表面光滑，色泽一致。一般公共建筑临空高度在24m以下时，其护栏高度不应低于1.05m；临空高度在24m及以上时，护栏高度不应低于1.10m。护栏的垂直杆件净控不应大于110mm（六层及六层以下住宅不应低于1.05m，七层及七层以上住宅不应低于1.10m（见图3.8.6-1、图3.8.6-2）。

图3.8.6-1　　　　　　　　　　　　　　　图3.8.6-2

3.8.7　花饰应安装牢固，造型、尺寸应符合设计要求，表面应洁净，接缝应严密吻合，不得有歪斜、裂缝、翘曲及损坏（见图3.8.7-1、图3.8.7-2）。

图3.8.7-1　　　　　　　　　　　　　　　图3.8.7-2

第 4 章　屋面工程

本章屋面工程主要包含块体面层、混凝土整体面层、块瓦屋面面层、女儿墙与山墙、水落口、出屋面结构及管道、其他细部构造及屋面接闪器等内容。

上人屋面或其他使用功能屋面，施工质量应符合屋面及建筑地面验收规范相关规定。屋面施工应表面平整、坡度准确，排水顺畅，无积水，不渗漏，满足使用功能要求。（见图 4.0.1、图 4.0.2）

图 4.0.1

图 4.0.2

4.1 块体面层

4.1.1　板块排布应结合屋面尺寸、突出屋面构造位置、轴线网格等实现对称统一的效果（见图 4.1.1）。

4.1.2　块体面层排水坡度符合设计要求；表面应洁净，色泽一致，无裂纹、掉角和缺棱等缺陷（见图 4.1.2）。

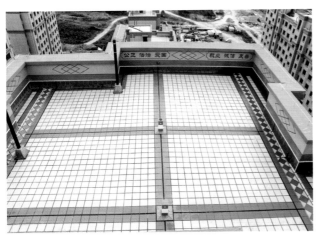

图 4.1.1

图 4.1.2

4.1.3　屋面找坡坡度应满足设计排水坡度要求，檐沟、水沟纵向找坡不应小于 1%，沟底水落差不得超过 200mm（见图 4.1.3）。

4.1.4　块体间应预留 10mm 缝隙，并用水泥砂浆勾缝（见图 4.1.4）。

图 4.1.3

图 4.1.4

4.1.5　保护层应设置分格缝，纵横间距不大于 10m，宽为 20mm；与女儿墙或山墙之间，应预留宽度为 30mm 的缝隙，缝内应填塞聚乙烯泡沫塑料，并用密封材料嵌填密实（见图 4.1.5）。

4.1.6　分格缝宜打耐候硅酮密封胶，打胶连续、表面光滑，无开裂、起泡、剥离等缺陷（见图 4.1.6）。

图 4.1.5　　　　　　　　　　　　　　　　　　图 4.1.6

4.2　混凝土整体面层

4.2.1　混凝土整体面层表面应抹平压光，不得有裂纹、脱皮、麻面、起砂等缺陷；排水坡度准确、无积水（见图 4.2.1）。

4.2.2　保护层应设置分格缝，纵横间距不大于 6m，宽为 10 ～ 20mm ；与女儿墙或山墙之间，应预留宽度为 30mm 的缝隙（见图 4.2.2）。

图 4.2.1　　　　　　　　　　　　　　　　　　图 4.2.2

4.2.3　缝内应填塞聚乙烯泡沫塑料，并用密封材料嵌填密实。分格缝宜打耐候硅酮密封胶处理（见图 4.2.3）。

4.2.4　屋面宜设排水沟，宽度一致，边角顺直，沟底平整，排水坡度不应小于 1%（见图 4.2.4）。

图 4.2.3　　　　　　　　　　　　　　　　　　图 4.2.4

4.3　块瓦屋面面层

4.3.1　瓦片应铺成整齐的行列，并应彼此紧密搭接，应做到瓦榫落槽、瓦角挂牢、瓦头排齐，且无翘角和张口现象，檐口应成一直线（见图 4.3.1）。

4.3.2　脊瓦搭盖间距应均匀，脊瓦与坡面瓦之间的缝隙应用聚合物水泥砂浆填实抹平，屋脊或斜脊应顺直（见图 4.3.2）。

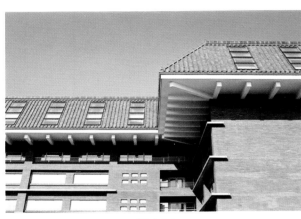
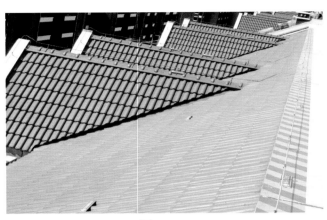

图 4.3.1　　　　　　　　　　　　　　　　　　图 4.3.2

4.3.3　檐口第一根挂瓦条应保证瓦头出檐口 50 ～ 70mm，出檐长度一致，瓦头高度相同。檐口瓦底封闭严密、平整（见图 4.3.3）。

4.3.4　斜天沟宽度一致，沟边顺直，宜用聚合物砂浆封边平整、严密（见图 4.3.4）。

图 4.3.3　　　　　　　　　　　　　　　　　　图 4.3.4

4.3.5　威卢克斯窗配件齐全，安装牢固，与瓦之间缝隙均匀一致，防水处理措施到位，不歪斜、开启灵活（见图 4.3.5）。

4.3.6　老虎窗根部与瓦交接部位宜做聚合物砂浆泛水，泛水纵向顺直、表面平整；与屋面交界处斜天沟宽度一致，顺直（见图 4.3.6）。

图 4.3.5　　　　　　　　　　　　　图 4.3.6

4.3.7　出屋面瓦的管道或构件根部应抹出顺水坡度，而且抹灰应盖住第一个凸起波，防止积水引起渗漏（见图 4.3.7）。

4.3.8　太阳能管道出屋面宜设置专用井道，且封堵严密（见图 4.3.8）。

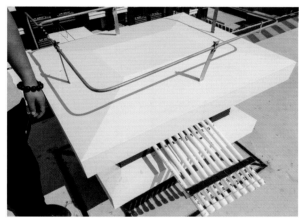

图 4.3.7　　　　　　　　　　　　　图 4.3.8

4.4　女儿墙与山墙

4.4.1　女儿墙墙面宜设计图案，增强视觉美感；与屋面整体风格协调统一（见图 4.4.1）。

4.4.2　女儿墙和山墙的压顶向内排水坡度不宜小于 10%（见图 4.4.2）。

图 4.4.1　　　　　　　　　　　　　图 4.4.2

4.4.3　女儿墙抹灰装饰饰面宜设置分格缝，分格缝间距不宜大于 1m（见图 4.4.3）。

4.4.4　女儿墙与山墙顶部向屋面内做挑檐，出挑长度不小于 60mm；下端设鹰嘴或滴水槽（见图 4.4.4）。

图 4.4.3　　　　　　　　　　　　　　　　　　图 4.4.4

4.4.5　女儿墙与山墙根部应做泛水处理，泛水高度应符合要求，且弧度圆顺、美观（见图 4.4.5-1、图 4.4.5-2）。

图 4.4.5-1　　　　　　　　　　　　　　　　　图 4.4.5-2

4.5　水落口

4.5.1　水落口的数量和位置应符合设计要求，水落口不得有渗漏和积水现象（见图 4.5.1-1、图 4.5.1-2）。

图 4.5.1-1　　　　　　　　　　　　　　　　　图 4.5.1-2

4.5.2　水落口周围直径 500mm 范围内坡度不应小于 5%（见图 4.5.2）。

4.5.3　侧排水落口尺寸不宜小于 250mm×200mm，雨水篦子采用可抽插式，整洁、美观（见图 4.5.3）。

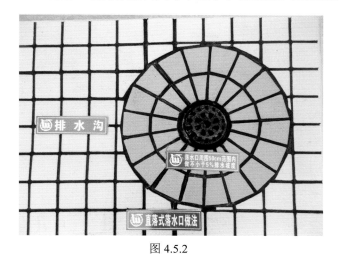

图 4.5.2　　　　　　　　　　　　　　　　　　图 4.5.3

4.6　出屋面结构、管道

4.6.1　伸出屋面管道周围在面层上可做出圆台或墩台，管道与基层间应留出凹槽，并嵌填密封胶，保护墩表面光滑平整，美观，墩高不宜小于 300mm（见图 4.6.1）。

4.6.2　出屋面管道高度应符合设计及规范要求，管道宜根据屋面类型装饰美化，提高观感效果（见图 4.6.2-1、图 4.6.2-2）。

图 4.6.1　　　　　　　　　　图 4.6.2-1　　　　　　　　　　图 4.6.2-2

4.6.3　屋面造型架阴阳角方正、顺直，标高统一构件顶部应做不小于 10% 的坡度，底部应做鹰嘴或滴水线（见图 4.6.3）。

4.6.4　出屋面构件根部应按要求做泛水处理，泛水高度应符合要求，要协调美观（见图 4.6.4）。

图 4.6.3 图 4.6.4

4.6.5 设备基础宜支承在结构基层上，局部应增加附加防水层，预埋铁件安装前应抄平放线，做到标高准确、坚固稳定（见图 4.6.5）。

4.6.6 设备基础及出屋面墩台饰面时做到体形方正，边角顺直，线条通顺，饰面平整，套割吻合（见图 4.6.6）。

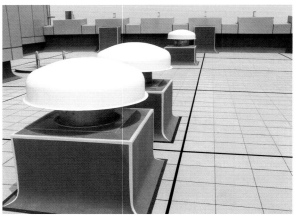

图 4.6.5 图 4.6.6

4.6.7 屋面太阳能、空调机组其连接线及水管经二次设计，保证统一走向、整齐美观，解决复杂管线的综合平衡（见图 4.6.7）。

4.6.8 设备基础饰面（应先抹灰后安装风机设备）高度不小于 250mm，确保泛水高度。所有饰面均不得埋压设备支座的减震垫（见图 4.6.8）。

图 4.6.7 图 4.6.8

4.7 其他细部构造

4.7.1 出屋面门口雨篷阳角顺直、底面平整,滴水槽留设顺直、清晰、美观,滴水槽深度、宽度均不应小于 10mm(见图 4.7.1)。

4.7.2 出屋面门口门槛内外踏步每步高度不应大于 17.50cm,且均分门槛高度,宽度 30cm,表面应防滑处理(见图 4.7.2)。

图 4.7.1   图 4.7.2

4.7.3 屋面出入口的防水构造应符合设计要求;其防水收头宜压在压顶下,附加层铺设应符合设计要求(见图 4.7.3)。

4.7.4 屋面爬梯固定牢固,宜采用 304 不锈钢材质;梯段高度大于 3m 时宜设护笼,底部宜设活动梯段,美观,耐久(见图 4.7.4)。

图 4.7.3   图 4.7.4

4.7.5 屋面雨水管应安装固定支架,并根据屋面装饰风格制作安装接水簸箕(见图 4.7.5)。

4.7.6 屋面集中安装太阳能应排列整齐,安装牢固,并注意接地可靠(见图 4.7.6)。

图 4.7.5　　　　　　　　　　　　　　　图 4.7.6

4.7.7　　上人屋面过桥架、管道及变形缝处宜制作安装过人天桥，过人天桥可根据屋面装饰风格选用金属、现浇结构、木饰、砌筑等多种形式，应与屋面协调美观（见图 4.7.7-1、图 4.7.7-2）。

图 4.7.7-1　　　　　　　　　　　　　　图 4.7.7-2

4.7.8　　排气帽设置应符合规范要求（不大于 36m²），可根据实际情况明装或暗敷，活动场所宜暗敷于墙面，排气帽形式应注重美观实用（见图 4.7.8-1、图 4.7.8-2）。

图 4.7.8-1　　　　　　　　　　　　　　图 4.7.8-2

4.7.9　　屋面排烟井道高度应符合要求，烟道盖板宜做出排水坡度，排水坡度不宜小于 10%，整体装饰效果协调美观（见图 4.7.9-1、图 4.7.9-2）。

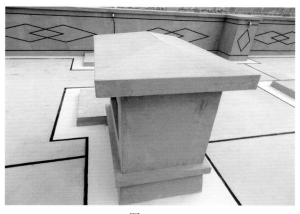

图 4.7.9-1

图 4.7.9-2

4.8　屋面接闪器

4.8.1　接闪器安装应平整顺直、无急弯，其固定支架应间距均匀，固定牢固，支架高度不宜小于 150mm（见图 4.8.1）。

4.8.2　屋面接闪器、引下线材料、规格应符合设计及规范要求，圆钢搭接焊应上下搭接、双面焊、搭接长度应符合要求（见图 4.8.2）。

图 4.8.1

图 4.8.2

4.8.3　接闪器扁形导体固定支架间距为 500mm；圆形导体固定支架间距为 1000mm；每个固定支架应能承受 49N 的垂直拉力（见图 4.8.3）。

4.8.4　屋面防雷引下线弯曲度应大于等于 10D，搭接倍数不小于 6 倍圆钢直径（见图 4.8.4）。

图 4.8.3

图 4.8.4

4.8.5 女儿墙宽度大于 40cm 时，接闪带应沿女儿墙外侧 10 ～ 15cm 处安装敷设（见图 4.8.5）。

4.8.6 第二类防雷：当建筑物高度超过 45m 时，首先应沿屋顶周边敷设接闪带，接闪带应设在外墙外表面或屋檐垂直面上（见图 4.8.6）。

图 4.8.5

图 4.8.6

4.8.7 接闪带转角处宜设 Ω 形弯（见图 4.8.7）。

4.8.8 接闪带过建筑物变形缝处应有补偿措施（见图 4.8.8）。

图 4.8.7

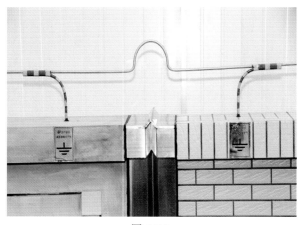

图 4.8.8

4.8.9 出屋面管道应接地可靠（见图 4.8.9）。

4.8.10 屋面太阳能应接地可靠（见图 4.8.10）。

图 4.8.9

图 4.8.10

4.8.11　出屋面设备、桥架应接地可靠（见图 4.8.11-1、图 4.8.11-2）。

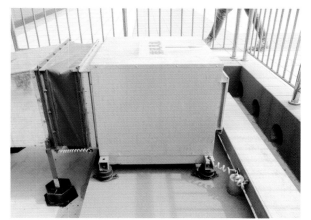

图 4.8.11-1　　　　　　　　　　　　　　　　图 4.8.11-2

4.8.12　屋面金属过人天桥应接地可靠（见图 4.8.12-1、图 4.8.12-2）。

图 4.8.12-1　　　　　　　　　　　　　　　　图 4.8.12-2

第 5 章　重要功能用房

　　本章重要功能用房特指地下车库，高低压配电室、空调机房、消防泵房、电梯机房，消防控制室，楼层管井电井等具备特定使用功能的独立空间，在满足安全及使用功能的基础上，要做到排布合理，安装牢固，标志齐全，协调美观（见图 5.0.1、图 5.0.2）。

图 5.0.1

图 5.0.2

5.1　地下车库

5.1.1　地下车库坡道应按要求在坡顶与坡底均设置排水沟和减速带，防滑措施得当、到位。墙面两侧 600mm 高处应设有反光道灯。地下车库出入口需设有智能停车管理系统，包括车辆自动识别自动门控制系统（见图 5.1.1-1、图 5.1.1-2）。

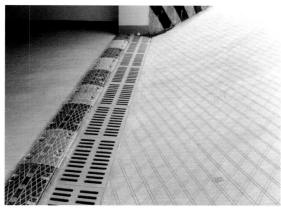

图 5.1.1-1　　　　　　　　　　　　　　　　图 5.1.1-2

5.1.2　地下车库地面宜采用环氧地坪漆，分色清晰，美观。车行区域为单向通行车道净宽 4500mm（地面标识距离），人行区域净宽 600mm，区域划分线为 150mm（见图 5.1.2-1、图 5.1.2-2）。

图 5.1.2-1　　　　　　　　　　　　　　　　图 5.1.2-2

5.1.3　车位编号清晰，车辆限位安装牢固，框架柱宜采取防撞缓冲保护措施（见图 5.1.3）。

5.1.4　车库顶棚管道、桥架、风管、灯具等安装牢固，标高准确，标识齐全（见图 5.1.4）。

图 5.1.3　　　　　　　　　　　　　　　　图 5.1.4

5.1.5 道路岔口、地下门厅入口前设置有人行横道线，提示过往车辆注意行人，形成安全的人行流线（见图5.1.5）。

5.1.6 地下车库排水沟顺直，盖板安装牢固吻合。墙面、框架柱及剪力墙宜涂刷防霉腻子（见图5.1.6）。

图 5.1.5 　　　　　　　　　　　　　　　　图 5.1.6

5.1.7 地下车库顶棚宜采用防霉涂料粉刷，表面平整，边角顺直。管线排布整齐有序，应进行BIM技术优化复核（见图5.1.7-1、图5.1.7-2）。

图 5.1.7-1 　　　　　　　　　　　　　　　图 5.1.7-2

5.1.8 照明应保证明亮性、均质性，不可有明显偏色，以减少地下空间的压抑感。顶部悬挂物标高应以不影响车辆通行为基本原则。风管、排烟等大型管道应排布在车位上方，以保证车行道的净高要求（见图5.1.8-1、图5.1.8-2）。

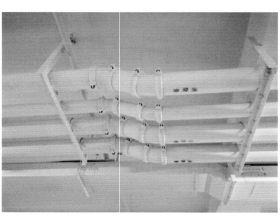

图 5.1.8-1 　　　　　　　　　　　　　　　图 5.1.8-2

5.2　机房、配电室

5.2.1　空调机房及消防泵房等有水房间地面应铺贴防滑面砖或做环氧树脂地坪漆地面，墙面及顶棚应涂刷耐水腻子，并应做墙裙或踢脚线。地面、墙面、顶棚均应做到表面平整、阴阳角顺直，无空鼓开裂、污染等质量问题（见图 5.2.1-1、图 5.2.1-2）。

图 5.2.1-1

图 5.2.1-2

5.2.2　机房及布置要点：①设备排布优化。设备布置成排成行，间距满足检修、操作、运行要求。②管线排布优化。运行功能优先，方便操作，管线高度（标高）层次分明。③支吊架设计。管线复杂且管径大的优先采用大型、落地式共用管架（见图 5.2.2-1、图 5.2.2-2）。

图 5.2.2-1

图 5.2.2-2

5.2.3　设备的布置应成排成线，同类设备标高一致；阀门安装的方向应方便操作，接口及盘根均不应有渗漏；防腐必须做到位，且应美观耐久，不得出现油漆剥落、返锈等现象；保温做到完整到位，保温层应平整、饱满、美观；建筑设备工程系统节能性能检测结果应合格（见图 5.2.3-1、图 5.2.3-2）。

图 5.2.3-1

图 5.2.3-2

5.2.4 成排安装的相同设备上的附件（阀门、过滤器、软接头、支架等），其标高、位置必须统一；设备调试合格后，将外露地脚螺栓及螺母进行防腐处理（加黄油和装饰帽）；设备的等电位线压接要横平竖直，卡接牢固美观（见图5.2.4-1、图5.2.4-2）。

图 5.2.4-1   图 5.2.4-2

5.2.5 蒸汽压缩式制冷（热泵）机组及水泵的基础：型钢或混凝土基础的规格和尺寸应与机组匹配；基础表面应平整，无蜂窝、裂纹、麻面和露筋；基础应坚固，强度经测试满足机组运行时的荷载要求；混凝土基础预留螺栓孔的位置、深度、垂直度应满足螺栓安装要求；基础预埋件应无损坏，表面光滑平整；基础四周应有排水设施；基础位置应满足操作及检修的空间要求（见图5.2.5-1、图5.2.5-2）。

图 5.2.5-1   图 5.2.5-2

5.2.6 蒸汽压缩式制冷（热泵）机组、水泵等有水设备周边应设置排水沟（槽），盖板安装平整吻合，宜设置黄色警戒线。所有设备管道减震装置齐全，接地可靠。设备管道支架宜增设保护墩台（见图5.2.6-1、图5.2.6-2）。

图 5.2.6-1   图 5.2.6-2

5.2.7　配电室地面宜做环氧树脂地坪漆地面，表面平整。墙面及顶棚可刮腻子刷乳胶漆，不能降低施工质量标准或减少施工工序（见图 5.2.7）。

5.2.8　配电室配电箱柜安装应排列整齐、固定牢固，接地可靠，运行正常。配电箱柜正上方不可安装照明灯具。不应有水管道穿过配电室（见图 5.2.8）。

图 5.2.7　　　　　　　　　　　　　　　图 5.2.8

5.3　楼层管井、楼层电井

5.3.1　楼层管井、楼层电井均应按内墙抹灰标准施工，刮腻子时应避免污染，宜涂刷踢脚线或粘贴面砖处理（见图 5.3.1-1、图 5.3.1-2）。

图 5.3.1-1　　　　　　　　　　　　　　图 5.3.1-2

5.3.2　管井在主体施工时宜进行二次深化排列，进行预留洞的留设；管道排布应考虑到后期维修方便。支架布置时应做到立管支架标高统一，高度宜为 1.50 ~ 1.80m，采用统一支架。角钢头部宜倒圆角，门型支架要采用 45°拼角制作安装（见图 5.3.2-1、图 5.3.2-2）。

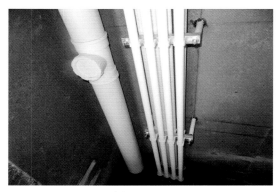

图 5.3.2-1　　　　　　　　　　　　　　图 5.3.2-2

5.3.3　管道穿楼板处根部应设套管或护墩，套管与管道之间应做防火封堵，顶部应平齐光滑，也应进行防火封堵，设置装饰圈。管道油漆应完整、均匀、光亮，管道支架安装形式及标高应统一，管道安装应垂直、排列整齐，标识应醒目到位齐全有效（见图 5.3.3-1、图 5.3.3-2）。

图 5.3.3-1　　　　　　　　　　　　　　图 5.3.3-2

5.3.4　电井要进行二次设计，电井中应做到设有接地母线，桥架间或桥架，母线与接地母线跨接线，采用不小于 4mm² 铜软线或铜编织带;跨接处螺栓必须配有镀锌弹簧垫和平垫片或采用爪形垫片（见图 5.3.4-1、图 5.3.4-2）。

图 5.3.4-1　　　　　　　　　　　　　　图 5.3.4-2

5.3.5　敷设在竖井内和穿越不同防火区的桥架，按设计要求位置，有防火隔堵措施。桥架、母线穿楼板处做不小于 50mm 高挡台，内部填防火泥。桥架内采用防火包封堵（见图 5.3.5-1、图 5.3.5-2）。

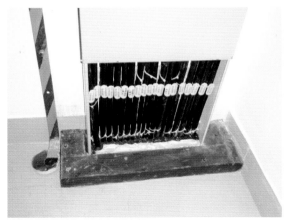

图 5.3.5-1　　　　　　　　　　　　　　图 5.3.5-2

5.3.6　桥架尺寸应符合要求。桥架内电缆、导线应固定牢固，安装顺直，标识清晰（见图 5.3.6-1、图 5.3.6-2）。

图 5.3.6-1

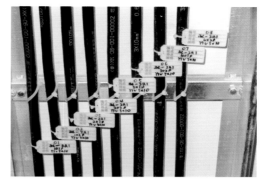

图 5.3.6-2

5.4　电梯机房

电梯机房的做法要求：①先做地面后安装电梯；②室内顶板、墙面刮腻子的质量同室内腻子涂刮质量；③电梯钢丝绳穿越的洞口应砌成井口，精细抹灰处理后涂刷不同颜色的油漆（注意颜色搭配）；④室内桥架安装应符合设计及规范要求（见图 5.4.0-1、图 5.4.0-2）。

图 5.4.0-1

图 5.4.0-2

5.5　消防控制室

5.5.1　消防控制室设备面盘前操作距离单列布置不应小于 1.50m，双列布置不应小于 2m；面盘后的维修距离不宜小于 1m。布线合理，模块固定，排列整齐（见图 5.5.1-1、图 5.5.1-2）。

图 5.5.1-1

图 5.5.1-2

5.5.2　消防水池的通气管和呼吸管等应符合下列规定：①消防水池应设置通气管；②消防水池通气管、呼吸管和溢流管等应采取防止虫鼠等进入消防水池的技术措施（见图5.5.2-1、图5.5.2-2）。

图5.5.2-1　　　　　　　　　　　　　　　　图5.5.2-2

5.5.3　管道标识清晰，油漆施工无交叉污染。消防水池水位需有明显标识（见图5.5.3）。

5.5.4　阀件排列整齐，高度相同，仪表高度一样，方向一致（见图5.5.4）。

图5.5.3　　　　　　　　　　　　　　　　图5.5.4

5.6　其他重要功能用房

5.6.1　大厅：板块地面表面平整，圆柱理石干挂圆顺协调，吊顶灯具排布均匀，整体效果好（见图5.6.1）。

5.6.2　宴会厅：整体装饰风格高贵典雅，各种灯具安装协调，排布合理，墙、顶、地色泽统一（见图5.6.2）。

图5.6.1　　　　　　　　　　　　　　　　图5.6.2

5.6.3　接待大厅：整体装饰风格简洁明快，宽敞明亮（见图 5.6.3）。

5.6.4　展厅：大空间宽敞明亮，灯具弧形排布协调（见图 5.6.4）。

图 5.6.3　　　　　　　　　　　　　　　　图 5.6.4

5.6.5　会议室：整体装饰简单实用，吊顶器具排列合理（见图 5.6.5）。

5.6.6　展厅：展柜排列合理，展品陈设整齐（见图 5.6.6）。

图 5.6.5　　　　　　　　　　　　　　　　图 5.6.6

5.6.7　接待室及休闲区（见图 5.6.7-1、图 5.6.7-2）。

图 5.6.7-1　　　　　　　　　　　　　　　图 5.6.7-2

5.6.8　儿童活动中心、沙画室及围棋室（见图 5.6.8-1～图 5.6.8-3）。

图 5.6.8-1　　　　　　　　　　　图 5.6.8-2　　　　　　　　　　　图 5.6.8-3

5.6.9　护士站、手术室及病房（见图 5.6.9-1～图 5.6.9-4）。

图 5.6.9-1　　　　　　　　　　　　　　　　图 5.6.9-2

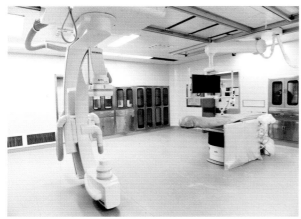 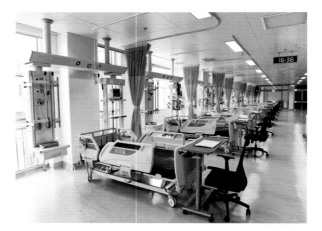

图 5.6.9-3　　　　　　　　　　　　　　　　图 5.6.9-4

第6章　建筑给水排水及采暖工程

　　本章建筑给水排水及采暖工程主要包含设备安装、管道安装、管线排布、器具安装及室内采暖系统安装等施工内容（见图 6.0.1、图 6.0.2）。

图 6.0.1

图 6.0.2

6.1 设备安装

6.1.1 设备基础大小应符合要求，便于设置限位装置（见图6.1.1-1、图6.1.1-2）。

图6.1.1-1　　　　　　　　　　　　　　　　图6.1.1-2

6.1.2 设备管道及部件应单独设支架、吊架进行支撑，机组设备不承受管道、管件及阀门的重量。设备管道出口弯头底部设置底托式落地支架。设备出口无软接头时，支架应该采用与设备减震量一致的减震支架（见图6.1.2-1、图6.1.2-2）。

图6.1.2-1　　　　　　　　　　　　　　　　图6.1.2-2

6.1.3 水泵减震装置安装应满足设计及产品技术文件的要求（见图6.1.3-1、图6.1.3-2）。

图6.1.3-1　　　　　　　　　　　　　　　　图6.1.3-2

6.2　管道安装

6.2.1　明装给水管道成排安装时，直线部分应互相平行。支吊架的形式、规格应根据管径、管道数量合理设置。固定在建筑结构上的管道支、吊架不得影响结构的安全（见图 6.2.1-1、图 6.2.1-2）。

图 6.2.1-1

图 6.2.1-2

6.2.2　铜管钎焊时不得出现过热现象，钎料渗满焊缝后应立即停止加热，并保持静止，自然冷却。完成后，应清除外壁的残余溶剂（见图 6.2.2）。

6.2.3　雨水管道如采用塑料管，其伸缩节安装应符合设计要求（见图 6.2.3）。

图 6.2.2

图 6.2.3

6.2.4　雨水斗管的连接应固定在屋面承重结构上。雨水斗边缘与屋面相连处应严密不漏，连接管管径当设计无要求时，不得小于 100mm（见图 6.2.4）。

6.2.5　雨水管排水末端应安装 45°弯头，弯头下方安放导流水簸箕（见图 6.2.5）。

图 6.2.4

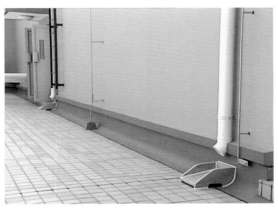

图 6.2.5

6.2.6 污水管起点设置堵头代替清扫口时，与墙面距离不得小于400mm（见图6.2.6）。

6.2.7 排水塑料管道采用金属制作的支架，应在管道与支架间加衬非金属垫或套管（见图6.2.7）。

图6.2.6   图6.2.7

6.2.8 高层建筑中明设排水塑料管道应按设计要求设置阻火圈或防火套管。管道阻火圈的耐火极限不应小于贯穿部位建筑构件的耐火极限（见图6.2.8-1、图6.2.8-2）。

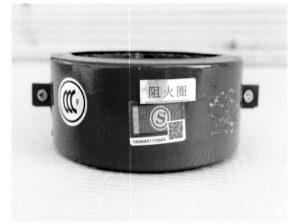

图6.2.8-1   图6.2.8-2

6.2.9 雨水管底部距地1m应加设清扫口（见图6.2.9）。

6.2.10 排水管道立管底部的弯管处应设支墩或采取固定措施（见图6.2.10）。

图6.2.9   图6.2.10

6.2.11　在转角小于 135° 污水横管上，应设置检修口或清扫口。污水横管的直线管段，应按设计要求设置检修口或清扫口（见图 6.2.11）。

6.2.12　管道穿越伸缩缝或沉降缝处时，应采用波纹管和补偿器等技术措施，补偿器两侧应加设固定支架（见图 6.2.12）。

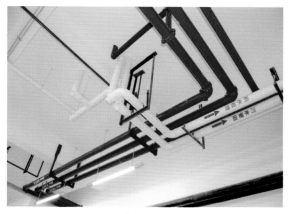

图 6.2.11

图 6.2.12

6.2.13　排水通气管不得与风道或烟道连接，在经常有人停留的平屋顶上，通气管应高出屋面 2m，并应根据屋面设计成排成线布置，合理美观（见图 6.2.13-1、图 6.2.13-2）。

图 6.2.13-1

图 6.2.13-2

6.2.14　地下车库压力排水安装，潜污泵排水管阀门与部件从下往上依次为：软接头——压力表——止回阀——闸阀。闸阀的安装高度为地坪完成面上 1.50m，三通高度宜为地坪高度上 2m 处（见图 6.2.14-1、图 6.2.14-2）。

图 6.2.14-1

图 6.2.14-2

6.2.15　管道、金属支架的防腐和涂漆应附着良好，无脱皮、起泡、流淌和漏涂缺陷。所有的弯头、三通、阀门、法兰和其他附件保温应达到设计厚度；弯头不能强扭拐弯，DN100以上弯头应制作虾米弯，避免内侧应力开裂（见图6.2.15-1、图6.2.15-2）。

图 6.2.15-1　　　　　　　　　　　　　　　图 6.2.15-2

6.2.16　管井内管道密集部位，管道排布要深化设计，充分利用管井空间，均匀排布管道位置，标识清晰，便于以后检修与维护（见图6.2.16-1、图6.2.16-2）。

图 6.2.16-1　　　　　　　　　　　　　　　图 6.2.16-2

6.2.17　阀门安装位置应方便操作（见图6.2.17）。

6.2.18　管道支吊架端部宜做倒角处理，避免在使用和检修过程中划伤人员（见图6.2.18）。

图 6.2.17　　　　　　　　　　　　　　　　图 6.2.18

6.2.19　穿过楼板的套管与管道之间缝隙应用阻燃密实材料和防水油膏填实，端面光滑。穿墙套管与管道之间缝隙宜用阻燃密实材料填实，且端面应光滑（见图 6.2.19-1、图 6.2.19-2）。

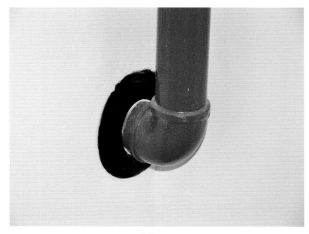

图 6.2.19-1　　　　　　　　　　　　　　　　　图 6.2.19-2

6.2.20　当梁、通风管道、排管、桥架宽度大于 1.20 m 时，增设的喷头应安装在其腹面以下部位（见图 6.2.20-1、图 6.2.20-2）。

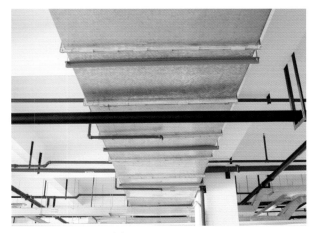

图 6.2.20-1　　　　　　　　　　　　　　　　　图 6.2.20-2

6.2.21　市政消火栓距路边不宜小于 0.50m，且不应大于 2m（见图 6.2.21）。

6.2.22　市政消火栓应避免设置在机械易撞击的地点，确有困难时，应采取碰撞措施（见图 6.2.22）。

图 6.2.21　　　　　　　　　　　　　　　　　图 6.2.22

6.2.23　水泵吸水管变径连接时，应采用偏心异径管件并应采用管顶平接（见图 6.2.23）。

6.2.24　消防水池（箱）的溢流管或排污管应采用间接排水的方式排水，其通气管、呼吸管和溢流、排污管等均应采取防止虫鼠进入的措施（见图 6.2.24）。

图 6.2.23

图 6.2.24

6.3　管线排布

6.3.1　对地下车库、公共走廊吊顶内等机电管线密集部位应进行管线综合排布：小管让大管，有压管道让无压管道，一般性管道让动力管道，电气避让热水及蒸汽管道（见图 6.3.1-1、图 6.3.1-2）。

图 6.3.1-1

图 6.3.1-2

6.3.2　对于地库、公共走廊等多专业管线集中部位，宜设置机电组合吊架，充分利用空间。各专业管线走向平行一致，合理美观（见图 6.3.2-1、图 6.3.2-2）。

图 6.3.2-1

图 6.3.2-2

6.3.3　保温材料的粘结胶水必须采用与保温材质相符的专用胶水，保温材料表面平整、清洁、密实、相贯线流畅美观（见图6.3.3-1、图6.3.3-2）。

图 6.3.3-1

图 6.3.3-2

6.4　器具安装

6.4.1　卫生间洗手盆安装高度距地面800mm（幼儿园500mm），下配水角阀安装高度距地面450mm，洗手盆与台面、墙面接触处均应进行防霉玻璃胶处理，避免积垢（见图6.4.1-1、图6.4.1-2）。

图 6.4.1-1

图 6.4.1-2

6.4.2　水龙头及配件应完好无损伤，接口严密，启闭部分灵活，安装标高符合设计和规范要求（见图6.4.2-1、图6.4.2-2）。

图 6.4.2-1

图 6.4.2-2

6.4.3 坐式大便器低水箱角阀配水中心距地面高度150mm，座便器排水管定位应该正确，蹲式大便器给水配水中心标高、排水管中位置的确定，应综合参照设计图纸、图集、产品说明书确定（见图6.4.3-1、图6.4.3-2）。

图6.4.3-1   图6.4.3-2

6.4.4 挂式小便器安装高度自地面至器具下边缘600mm，配水角阀配件中心距地面1050mm。立式小便器角阀配件中心距地面1130mm（见图6.4.4-1、图6.4.4-2）。

图6.4.4-1   图6.4.4-2

6.4.5 水龙头及配件应完好无损伤，接口严密，启闭部分灵活，安装标高符合设计和规范要求。消火栓内部水枪、水带、报警按钮、灭火器按设计与图集要求配置齐全，二次装修后应重新标示明确，不应被装修遮盖。栓口中心距地1.10m，阀门中心距箱侧面为140mm，距离箱后面为100mm（见图6.4.5-1、图6.4.5-2）。

图6.4.5-1   图6.4.5-2

6.4.6　报警阀组当设计无要求时，应安装在便于操作的明显位置，距室内地面高度宜为1.20m，报警阀组的室内地面应有排水设施，排水能力应满足报警阀调试、验收和利用试水阀门泄空系统管道的要求（见图6.4.6-1、图6.4.6-2）。

图 6.4.6-1

图 6.4.6-2

6.4.7　水力警铃应从机房引至公共通道或值班室附近的外墙上。各水力警铃所指示区域挂牌标识明确（见图6.4.7-1、图6.4.7-2）。

图 6.4.7-1

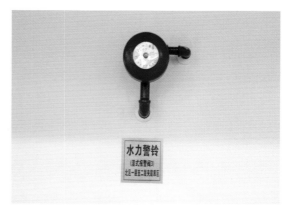

图 6.4.7-2

6.5　采暖系统

6.5.1　散热器支管长度超过1.50m时，应在支管上安装支架，支架端部宜打磨光滑（见图6.5.1-1、图6.5.1-2）。

图 6.5.1-1

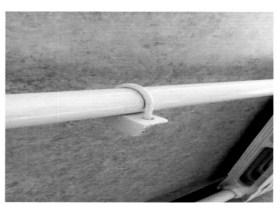

图 6.5.1-2

6.5.2 散热器手动排气阀排气孔应向外斜下 45° 安装（见图 6.5.2）。

6.5.3 地暖分集水器各回路应有标识，标识应牢固、耐久、美观（见图 6.5.3）。

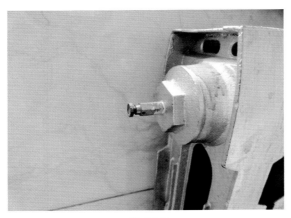

图 6.5.2   图 6.5.3

6.5.4 加热管直管段固定点间距不大于 700mm，弯曲管段固定点间距不大于 350mm。地面下敷设的盘管埋地部分不应有接头（见图 6.5.4）。

6.5.5 散热器背面与装饰后的墙内表面安装距离，应符合设计或产品说明书要求，如设计未注明，应为 30mm（见图 6.5.5）。

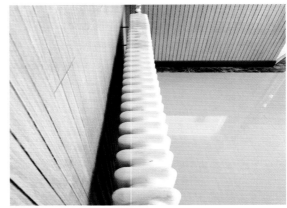

图 6.5.4   图 6.5.5

6.5.6 铸铁或钢制散热器表面的防腐及面漆应附着良好，色泽均匀，无脱落、气泡、流淌和漏涂缺陷（见图 6.5.6）。

6.5.7 各类阀门的型号、规格、公称压力及安装位置应符合设计要求（见图 6.5.7）。

图 6.5.6   图 6.5.7

第 7 章　通风与空调工程

本章通风与空调主要包含风管系统、风机设备、空调冷热源、水系统安装及防腐与绝热等施工内容（见图 7.0.1、图 7.0.2）。

图 7.0.1

图 7.0.2

7.1 风管系统安装

7.1.1 风管支架、吊架的设置不应影响阀门、自控机构的正常动作，且不应设置在风口、检查门处；离风口和分支管的距离不宜小于 200mm；悬吊的水平主管、干风管直线长度大于 20m 时，应设置防晃支架或防止摆动的固定点（见图 7.1.1-1、图 7.1.1-2）。

图 7.1.1-1   图 7.1.1-2

7.1.2 风管接口的连接应严密牢固，风管与砖、混凝土风道的连接接口，应顺着气流方向插入，并应采取密封措施。位于防火分区隔墙两侧的防火阀，距墙表面不应大于 200mm。直径或长边尺寸大于或等于 630mm 的防火阀，应设独立支架或吊架（见图 7.1.2-1、图 7.1.2-2）。

图 7.1.2-1   图 7.1.2-2

7.1.3 柔性短管不应有强制性的扭曲，柔性风管支架、吊架的间距不应大于 1500mm，承托的座或箍的宽度不应小于 25mm（见图 7.1.3）。

7.1.4 风阀安装后，手动或电动操作装置应灵活可靠，阀板关闭应严密。钢索预埋套管弯管不应大于 2 个，且不得有死弯及瘪陷（见图 7.1.4）。

图 7.1.3   图 7.1.4

7.1.5　风口表面应平整、不变形，调节应灵活、可靠，同一厅室、房间内的相同风口的安装高度应一致，排列应整齐（见图 7.1.5）。

7.1.6　风帽安装应牢固，连接风管与屋面或墙面的交接处不应渗水（见图 7.1.6）。

图 7.1.5　　　　　　　　　　　　　　　　　　图 7.1.6

7.1.7　消声器及静压箱安装时，应设置独立支架、吊架，固定应牢固。当回风箱作为消声静压箱时，回风口处应设置过滤网（见图 7.1.7）。

7.1.8　风管内过滤器的种类、规格应符合设计要求，过滤器应便于拆卸和更换，过滤器与框架及框架与风管或机组壳体之间连接应严密（见图 7.1.8）。

图 7.1.7　　　　　　　　　　　　　　　　　　图 7.1.8

7.2　风机与空气处理设备安装

7.2.1　风机及风机箱固定设备的地脚螺栓应紧固，并应采取防松动措施（见图 7.2.1）。

7.2.2　风机及风机箱落地安装时，按设计要求设置减震装置，并应采取防止设备水平位移的措施（见图 7.2.2）。

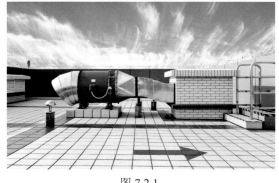

图 7.2.1　　　　　　　　　　　　　　　　　　图 7.2.2

7.2.3　通风机传动装置的外露部位以及直通大气的进风口和出风口，必须装设防护罩、防护网或采取其他安全防护措施（见图7.2.3）。

7.2.4　静电式空气净化装置的金属外壳必须与PE线可靠连接（见图7.2.4）。

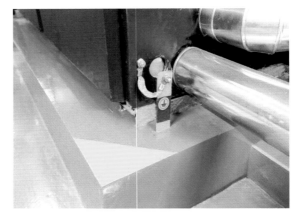

图7.2.3　　　　　　　　　　　　　　　　　　图7.2.4

7.2.5　空气风幕机的安装位置及方向应正确，固定应牢固可靠，成排安装的机组应整齐（见图7.2.5）。

7.2.6　空气过滤器框架的安装应平整牢固，方向应正确，框架与围护结构之间应严密（见图7.2.6）。

图7.2.5　　　　　　　　　　　　　　　　　　图7.2.6

7.2.7　组合式空调机组各功能段之间的连接应严密，整体外观应平整，供回水管与机组的连接应正确（见图7.2.7）。

7.2.8　空气热回收器的安装位置及接管应正确，转轮式空气热回收器的转轮旋转方向应正确，运转应平稳，且不应有异常振动与声响（见图7.2.8）。

图7.2.7　　　　　　　　　　　　　　　　　　图7.2.8

7.2.9　风机盘管机组应设独立支架、吊架，固定应牢固，高度与坡度应正确，机组与风管、回风箱或风口的连接应严密可靠（见图 7.2.9-1、图 7.2.9-2）。

图 7.2.9-1

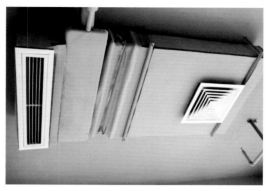

图 7.2.9-2

7.3　空调用冷（热）源与辅助设备安装

7.3.1　整体组合式制冷机组机身当采用垫铁调整机组水平度时，应接触紧密并相对固定（见图 7.3.1）。

7.3.2　模块式冷水机组单元多台并联组合时，接口应牢固、严密不漏，外观应平整完好，目测无扭曲（见图 7.3.2）。

图 7.3.1

图 7.3.2

7.3.3　多联机室外机组应安装在设计专用平台上，并应采取减震与防止紧固螺栓松动的措施（见图 7.3.3）。

7.3.4　空气源热泵机组水力开关的前端宜有 4 倍管径及以上的直管段。设备进风通道的宽度不应小于 1.2 倍的进风口高度（见图 7.3.4）。

图 7.3.3

图 7.3.4

7.4 空调水系统管道与设备安装

7.4.1 并联水泵的出口管道进入总管应采用顺水流斜向插接的连接形式，夹角不应大于60°（见图7.4.1）。

7.4.2 管道穿越墙体或楼板处应设钢制套管，管道接口不得置于套管内，钢制套管上部应高出楼层地面 20 ～ 50mm（见图7.4.2）。

图 7.4.1

图 7.4.2

7.4.3 阀门的安装位置、高度、进出口连接应牢固紧密。安装在保温管道上的手动阀门的手柄不得朝向下（见图7.4.3）。

7.4.4 波纹补偿器、膨胀节应与管道保持同心，不得偏斜和周向扭转（见图7.4.4）。

图 7.4.3

图 7.4.4

7.4.5 管道与水泵、制冷机组的接口应为柔性接管，且不得强行对口连接，与其连接的管道应设置独立支架（见图7.4.5）。

7.4.6 冷却塔进风侧距建筑物应大于 lm，冷却塔部件与基座的连接应采用镀锌或不锈钢螺栓固定，固定应牢固，冷却塔安装应水平（见图7.4.6）。

图 7.4.5

图 7.4.6

7.4.7　管道采用法兰连接时，两法兰面应与管道中心线垂直，且应同心，法兰对接应平行，误差不得大于 2mm（见图 7.4.7）。

7.4.8　设备现场焊缝外部质量不允许有裂缝、未焊透、未熔合、表面气孔、外露夹渣、未焊满等现象（见图 7.4.8）。

图 7.4.7　　　　　　　　　　　　　　　　图 7.4.8

7.4.9　金属管道与设备的固定焊口应远离设备，且不宜与设备接口中心线相重合。对接焊缝与支架、吊架的距离应大于 50mm（见图 7.4.9）。

7.4.10　风机盘管及其他空调设备与管道的连接，应采用金属或非金属柔性接管，不应有强扭和瘪管。冷凝水排水管的坡度应符合设计要求（见图 7.4.10）。

图 7.4.9　　　　　　　　　　　　　　　　图 7.4.10

7.4.11　冷（热）水管道与支架、吊架之间应采用不燃或难燃硬质绝热材料或经防腐处理的木衬垫，宽度应大于或等于支架、吊架支承面的宽度（见图 7.4.11）。

7.4.12　水箱、集水器、分水器、膨胀水箱等设备安装时，支架或底座的尺寸、位置应符合设计要求（见图 7.4.12）。

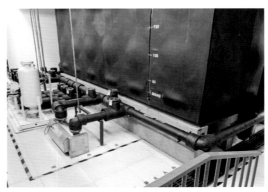

图 7.4.11　　　　　　　　　　　　　　　　图 7.4.12

7.4.13 金属管道支架、吊架与管道接触应紧密，管道与设备连接处应设置独立支架、吊架。管道机房内总管和干管的支架、吊架应采用承重防晃管架，与设备连接的管道管架宜采取减震措施。当水平支管的管架采用单杆吊架时，应在系统管道的起始点、阀门、三通、弯头处及长度每隔 15m 处设置承重防晃支架、吊架（见图 7.4.13-1、图 7.4.13-2）。

图 7.4.13-1　　　　　　　　　　　　　　图 7.4.13-2

7.4.14 水泵安装的地脚螺栓应垂直，且与设备底座应紧密固定，垫铁组放置位置应正确、平稳，接触应紧密，每组不应大于 3 块，整体安装的小型管道水泵目测应水平，不应有偏斜，减震器与水泵及水泵基础的连接，应牢固平稳、接触紧密（见图 7.4.14-1、图 7.4.14-2）。

图 7.4.14-1　　　　　　　　　　　　　　图 7.4.14-2

7.5　防腐与绝热

7.5.1 防腐涂料的涂层应均匀，不应有堆积、漏涂、皱纹、气泡、掺杂及混色等缺陷（见图 7.5.1）。
7.5.2 设备、部件、阀门的绝热和防腐涂层，不得遮盖铭牌和影响部件、阀门的操作功能（见图 7.5.2）。

图 7.5.1　　　　　　　　　　　　　　　图 7.5.2

7.5.3　风管绝热层应满铺，表面应平整，不得有裂缝、空隙等缺陷（见图 7.5.3）。

7.5.4　橡塑绝热材料纵、横向接缝应错开，缝间不应有空隙，与管道表面应贴合紧密，不应有气泡（见图 7.5.4）。

图 7.5.3　　　　　　　　　　　　　　　　　图 7.5.4

7.5.5　金属保护壳连接应牢固严密，外表应整齐平整。圆形保护壳不得有脱壳、褶皱、强行接口等现象。搭接尺寸应为 20 ～ 25mm。矩形保护壳表面应平整，棱角应规则，圆弧应均匀，底部与顶部不得有明显的凸肚及凹陷（见图 7.5.5-1、图 7.5.5-2）。

图 7.5.5-1　　　　　　　　　　　　　　　　图 7.5.5-2

7.5.6　矩形风管及设备表面保温钉应均布，首行保温钉距绝热材料边沿的距离应小于 120mm，保温钉的固定压片应松紧适度、均匀压紧（见图 7.5.6）。

7.5.7　风管及管道绝热防潮层（包括绝热层端部）应完整，并应封闭良好，表面平整（见图 7.5.7）。

图 7.5.6　　　　　　　　　　　　　　　　　图 7.5.7

第 8 章　建筑电气工程

　　本章主要涉及变配电室，配电箱柜安装，桥架（梯架、托盘、槽盒的统称）、灯具、开关插座安装等施工内容，在满足设计要求、保障安全及使用功能基础上，力求协调美观，突出外观整体效果（见图 8.0.1、图 8.0.2）。

图 8.0.1

图 8.0.2

8.1 变配电室

8.1.1 除配电室需用的管道外，不应有其他无关的管道通过。室内水、汽管道上不应设置阀门和中间接头；水、汽管道与散热器的连接应采用焊接，并应做等电位联结（见图 8.1.1）。

8.1.2 成排布置的配电屏，其长度超过 6m 时，屏后的通道应设 2 个出口，并宜布置在通道的两端；当两出口之间的距离超过 15m 时，其间尚应增加出口（见图 8.1.2）。

图 8.1.1   图 8.1.2

8.1.3 配电设备的布置应满足《低压配电设计规范》GB 50054—2011 的相关要求。配电柜前后，操作部位应铺贴绝缘垫，绝缘垫的厚度及耐压等级应符合设计要求（见图 8.1.3-1、图 8.1.3-2）。

图 8.1.3-1   图 8.1.3-2

8.1.4 电缆梯架、托盘和槽盒转弯及分支处宜采用专用连接配件，其弯曲半径不应小于梯架、托盘和槽盒内电缆最小允许弯曲半径（见图 8.1.4）。

8.1.5 配电室应设置可拆卸的金属挡板，且挡鼠板应做好等电位联结（见图 8.1.5）。

图 8.1.4   图 8.1.5

8.1.6 等电位联结的各种管道、设备、器具均应无遗漏，固定牢靠；成活后箱内应附总等电位系统图，进线出线各回路应有回路标识（见图8.1.6）。

8.1.7 建筑物等电位联结的范围、形式、方法、部位及联结导体的材料和截面积应符合设计要求（见图8.1.7）。

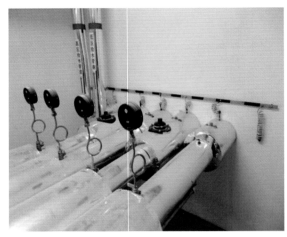

图 8.1.6   图 8.1.7

8.1.8 明敷的室内扁形导体接地干线支持件应固定可靠，支持件间距应均匀固定，间距宜为500mm；弯曲部分宜为0.3～0.5m（见图8.1.8）。

8.1.9 配电室的接地干线上应设置不少于2个供临时接地用的接线柱或接地螺栓，表面应涂刷宽度相等的黄绿相间的标识（见图8.1.9）。

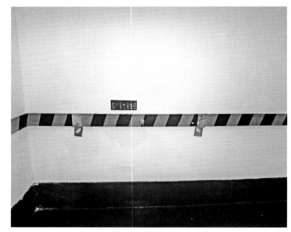

图 8.1.8   图 8.1.9

8.2 成套配电柜、控制柜和照明配电箱安装

8.2.1 柜、台、箱、盘安装垂直度允许偏差不应大于1.5‰，相互间接缝不应大于2mm，成列盘面偏差不应大于5mm（见图8.2.1）。

8.2.2 控制开关及保护装置的规格、型号应符合设计要求，闭锁装置动作应准确、可靠，主开关的辅助开关切换动作应与主开关动作一致（见图8.2.2）。

图 8.2.1　　　　　　　　　　　　　　　　　　　图 8.2.2

8.2.3　柜、台、箱、盘等配电装置应有可靠的防电击保护。装置内保护接地导体（PE）排应有裸露的连接外部保护接地导体的端子，并应可靠连接（见图 8.2.3）。

8.2.4　线缆与电器连接时，其端部可采用不开口的终端端子或搪锡。电缆的首端、末端和分支处设标志牌（见图 8.2.4）。

图 8.2.3　　　　　　　　　　　　　　　　　　　图 8.2.4

8.2.5　信号回路的信号灯、按钮、光字牌、电铃、电笛、事故电钟等动作和信号显示应准确，安装位置规范（见图 8.2.5）。

8.2.6　低压电器组的发热元件应安装在散热良好的位置，熔断器的熔体规格、断路器的整定值应符合设计要求（见图 8.2.6）。

图 8.2.5　　　　　　　　　　　　　　　　　　　图 8.2.6

8.2.7　明装配电箱安装高度应符合设计要求，安装牢固，控制按钮标识清楚，垂直度允许偏差不应大于 1.5‰。柜、台、箱的装有电器的可开启门，门和金属框架的接地端子间应选用截面积不小于 4mm² 的黄绿色绝缘铜芯软导线连接，并应有标识。箱门上粘贴电气系统图（见图 8.2.7-1、图 8.2.7-2）。

图 8.2.7-1　　　　　　　　　　　　　　　　图 8.2.7-2

8.2.8　柜、台、箱、盘间配线二次回路连线应成束绑扎，横平竖直，线缆的弯曲半径不应小于线缆允许弯曲半径，导线连接不应损伤线芯（见图 8.2.8）。

8.2.9　多芯铜芯线应接续端子或拧紧搪锡后再与设备或器具的端子连接。当设计有防火要求时，柜、台、箱的进出口应做防火封堵，并应封堵严密（见图 8.2.9）。

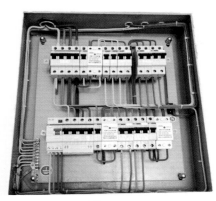
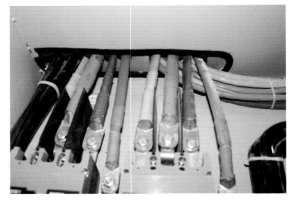

图 8.2.8　　　　　　　　　　　　　　　　图 8.2.9

8.2.10　箱（盘）内配线应整齐、无绞接现象；导线连接应紧密、不伤线芯、不断股；垫圈下螺钉两侧压的导线截面积应相同，开关动作应灵活可靠（见图 8.2.10）。

8.2.11　箱（盘）内宜分别设置中性导体（N）和保护接地导体（PE）汇流排，汇流排上同一端子不应连接不同回路的 N 或 PE（见图 8.2.11）。

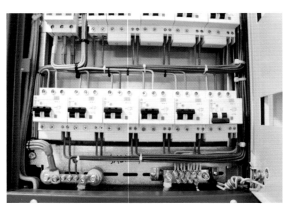

图 8.2.10　　　　　　　　　　　　　　　　图 8.2.11

8.2.12　柜、箱、盘内电涌保护器（SPD）的型号规格及安装布置、接线形式、位置等应符合规范要求（见图 8.2.12）。

8.2.13　金属导管与金属梯架、槽盒、箱体连接时，镀锌材质的连接端宜用专用接地卡固定保护连接导体（见图 8.2.13）。

图 8.2.12

图 8.2.13

8.2.14　照明箱（盘）涂层应完整，回路编号应齐全，标识应正确，箱门处粘贴系统图（见图 8.2.14-1、图 8.2.14-2）。

图 8.2.14-1

图 8.2.14-2

8.3　梯架、托盘、槽盒及插接母线安装

8.3.1　金属梯架、托盘或槽盒本体之间的连接应牢固可靠，盖板安装牢固。电缆的敷设排列应顺直、整齐，并宜少交叉，不得存在绞拧、护层断裂、划伤等缺陷，在梯架、托盘或槽盒内大于 45°倾斜敷设的电缆应每隔 2m 固定。电缆的首端、末端和分支处应设标志牌，直埋电缆应设标示桩（见图 8.3.1-1、图 8.3.1-2）。

图 8.3.1-1

图 8.3.1-2

8.3.2 敷设在电气竖井内穿楼板处和穿越不同防火区的梯架、托盘和槽盒，应有防火隔堵措施（见图 8.3.2）。

8.3.3 敷设在电气竖井内的电缆梯架或托盘，其固定支架不应安装在固定电缆的横担上，且每隔 3～5 层应设置承重支架（见图 8.3.3）。

图 8.3.2   图 8.3.3

8.3.4 镀锌梯架、托盘和槽盒本体之间不跨接保护连接导体时，连接板每端不应少于 2 个有防松螺帽或防松垫圈的连接固定螺栓（见图 8.3.4）。

8.3.5 非镀锌梯架、托盘和槽盒本体之间连接板的两端应跨接保护连接导体，保护连接导体的截面积应符合设计要求（见图 8.3.5）。

图 8.3.4   图 8.3.5

8.3.6 母线槽的金属外壳等外露可导电部分应与保护导体可靠连接，每段母线槽的金属外壳间应连接可靠，且母线槽全长与保护导体可靠连接不应少于 2 处。分支母线槽的金属外壳末端应与保护导体可靠连接，连接导体的材质、截面积应符合设计要求。母线连接接触面应保持清洁，宜涂抗氧化剂，螺栓孔周边应无毛刺，螺栓受力应均匀，不应使电器或设备的接线端子受额外应力。母线槽支架应安装牢固，采用金属吊架固定时应有防晃支架，圆钢吊架直径不得小于 8mm，金属支架应进行防腐（见图 8.3.6-1、图 8.3.6-2）。

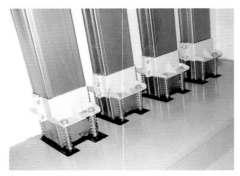

图 8.3.6-1   图 8.3.6-2

8.3.7　采用金属吊架时，圆钢直径不得小于 8mm，并应有防晃支架，在分支处或端部 0.3 ～ 0.5m 处应有固定支架，安装牢固，无明显扭曲（见图 8.3.7）。

8.3.8　电缆梯架、托盘和槽盒转弯、分支处宜采用专用连接配件，其弯曲半径不应小于梯架、托盘和槽盒内电缆最小允许弯曲半径（见图 8.3.8）。

图 8.3.7

图 8.3.8

8.3.9　当直线段钢制或塑料梯架、托盘和槽盒长度超过 30m，应设置伸缩节；当梯架、托盘和槽盒跨越建筑物变形缝处时，应设置补偿装置（见图 8.3.9）。

8.3.10　梯架、托盘、槽盒支吊架安装应牢固、无明显扭曲，膨胀螺栓固定时，螺栓应选用适配、防松零件齐全、连接紧固，走廊尽量使用共用支架（见图 8.3.10）。

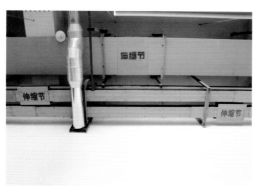

图 8.3.9

图 8.3.10

8.3.11　配线槽盒与水管同侧上下敷设时，宜安装在水管的上方；与热水管、蒸汽管平行上下敷设时，应敷设在热水管、蒸汽管的下方，保证最小间距。水平安装的支架间距宜为 1.5 ～ 3m，垂直安装的支架间距不应大于 2m（见图 8.3.11）。

8.3.12　可弯曲金属导管或柔性导管与电气设备、器具间的连接应采用专用接头；柔性导管的长度在动力工程中不宜大于 0.8m（见图 8.3.12）。

图 8.3.11

图 8.3.12

8.3.13 梯架、托盘和槽盒全长不大于 30m 时，不应少于 2 处与保护导体可靠连接。全长大于 30m 时，每隔 20 ～ 30m 应增加一个连接点。起始端和终点端均应可靠接地（见图 8.3.13-1、图 8.3.13-2）。

图 8.3.13-1　　　　　　　　　　　　　图 8.3.13-2

8.4　开关、插座安装

8.4.1 开关、插座安装高度应符合设计要求，成排安装高低差应不大于 1mm，同一室内应不大于 5mm。插座左零右火上接地，保护接地导体（PE）在插座之间不得串联连接（见图 8.4.1）。

8.4.2 开关面板应紧贴饰面、四周无缝隙、安装牢固，表面光滑、无划伤，装饰帽（板）齐全，理石上安装面板周边打胶处理。成排安装间距均匀一致（见图 8.4.2）。

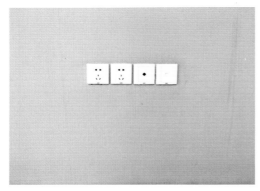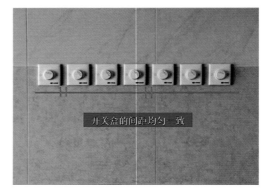

图 8.4.1　　　　　　　　　　　　　图 8.4.2

8.4.3 同一建（构）筑物的开关宜采用同一系列的产品，单控开关的通断位置应一致，且应操作灵活、接触可靠（见图 8.4.3）。

8.4.4 开关安装位置应便于操作，开关边缘距门框边缘的距离宜为 0.15 ～ 0.20m（见图 8.4.4）。

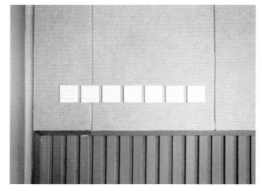

图 8.4.3　　　　　　　　　　　　　图 8.4.4

8.4.5　暗装的插座盒或开关盒应与饰面平齐，盒内干净整洁，无锈蚀，绝缘导线不得裸露在装饰层内（见图 8.4.5）。

8.4.6　照明、报警联动器具使用的多芯铜芯线应接续端子或拧紧搪锡后再与设备或器具的端子连接（见图 8.4.6）。

图 8.4.5　　　　　　　　　　　　　　　　图 8.4.6

8.5　灯具、消防器具安装

8.5.1　灯具固定应牢固可靠，吸顶或墙面上安装的灯具，其固定用的螺栓或螺钉不应少于 2 个，灯具应紧贴饰面排列成线（见图 8.5.1）。

8.5.2　LED 灯具的驱动电源、电子控制装置室外安装时，应置于金属箱（盒）内；金属箱（盒）的 IP 防护等级和散热应符合设计要求（见图 8.5.2）。

图 8.5.1　　　　　　　　　　　　　　　　图 8.5.2

8.5.3　吊顶上，烟感、灯具、喷淋、风口等应拉通线控制，确保居中对称，成行成线，标高一致，与面板接触严密（见图 8.5.3）。

8.5.4　灯具安装应与特定空间装饰风格协调一致。质量大于 10kg 的灯具，悬吊装置应做 5 倍载荷强度试验，且不应固定在吊顶上（见图 8.5.4）。

图 8.5.3　　　　　　　　　　　　　　　　图 8.5.4

8.5.5 质量大于 3kg 的悬吊灯具，固定在螺栓或预埋吊钩上，螺栓或预埋吊钩的直径不应小于灯具挂销直径，且不应小于 6mm（见图 8.5.5）。

8.5.6 由接线盒引至嵌入式灯具或槽灯的绝缘导线，应采用柔性导管保护，不得裸露，且不应在灯槽内明敷，应采用专用接头连接（见图 8.5.6）。

图 8.5.5 　　　　　　　　　　　　　　　　图 8.5.6

8.5.7 消防应急照明楼梯间、疏散走道及其转角处应安装在 1m 以下的墙面上，线路在非燃烧体内穿钢导管暗敷时，暗敷钢导管保护层厚度不应小于 30mm（见图 8.5.7）。

8.5.8 安全出口指示标志灯设置应符合设计要求，疏散指示标志灯安装高度及设置部位应符合设计要求（见图 8.5.8）。

图 8.5.7 　　　　　　　　　　　　　　　　图 8.5.8

8.5.9 应急照明灯具的设置位置、数量和标志类型应符合设计要求，应急照明灯具应设玻璃或非燃材料制作的防护罩（见图 8.5.9）。

8.5.10 当采用钢管作灯具吊杆时，其内径不应小于 10mm，壁厚不应小于 1.5mm（见图 8.5.10）。

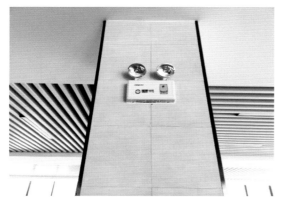

图 8.5.9 　　　　　　　　　　　　　　　　图 8.5.10

8.5.11　埋地灯的防护等级应符合设计要求，埋地灯的接线盒应采用防护等级为 IPX7 的防水接线盒，盒内绝缘导线接头应做防水绝缘处理（见图 8.5.11）。

8.5.12　庭院灯、建筑物附属路灯安装应符合下列规定：灯具与基础固定应可靠，地脚螺栓备帽应齐全；灯具接线盒应采用防护等级不小于 IPX5 的防水接线盒，盒盖防水密封垫应齐全、完整。灯杆的检修门应采取防水措施，且闭锁防盗装置完好（见图 8.5.12-1、图 8.5.12-2）。

图 8.5.11　　　　　　　　　　　图 8.5.12-1　　　　　　　　　图 8.5.12-2

8.5.13　由接线盒引至灯具的绝缘导线应符合下列规定：绝缘导线应采用柔性导管保护，不得裸露。槽灯安装时不应在灯槽内明敷，柔性导管与灯具壳体应采用专用接头连接（见图 8.5.13）。

8.5.14　在人行道等人员来往密集场所安装的落地式景观照明灯具，当无围栏防护时，灯具距地面高度应大于 2.5m（见图 8.5.14）。

图 8.5.13　　　　　　　　　　　　　　　图 8.5.14

8.5.15　对于安装在屋面接闪器保护范围以外的航空障碍标志灯具，当需设置接闪器时，其接闪器应与屋面接闪器可靠连接（见图 8.5.15）。

8.5.16　固定在水池构筑物上的所有金属部件应与保护连接导体可靠连接，并应设置标识（见图 8.5.16）。

图 8.5.15　　　　　　　　　　　　　　　图 8.5.16

第9章 建筑工程标识

本章所涉及建设工程标识主要包括工程名称、竣工标牌、避雷测试点、沉降观测点、避雷接地、地下停车场、各种设备管道阀门、功能、工作状态等设计安全及使用功能的各种标识。各种标识应清晰、醒目、坚固耐久。材质、大小、颜色、位置、间距等应符合相关规范及标准要求（见图9.0.1、图9.0.2）。

图 9.0.1

图 9.0.2

9.1　工程室外及外墙标识

方圆大厦，鲁班奖工程

威海公园，鲁班奖工程

主入口玻璃门防撞标识（色带）

工程竣工标牌（尺寸、位置及内容）　　避雷测试点及沉降观测点（注明功能及编号）

无障碍通道标识（标明功能及位置）

停车场出入口标识（标明功能、走向及位置）

室外水泵接合器标识（标明功能）

管沟防火墙（标明功能）

燃气标识（标明功能及位置）

树木品种标识（标明品种、习性等）

室外雕塑标识（标明雕塑内容）

导向标识（标明功能、方向）

应急设施标识

室外绿化保护标识

室外垃圾桶标识

安全警示标识（一）（标明功能）

安全警示标识（二）（标明功能）

安全警示标识（三）（标明功能）

禁止标识（标明功能）

9.2　公共部位标识

功能用房、管电井标识（一）（标明功能及警示标志）

功能用房、管电井标识（二）（标明功能及警示标志）

公共卫生间标识（标明功能）

无障碍电梯、卫生间标识（标明功能及位置）

室内消火栓标识（标明使用方法）

信报箱标识

消防救援标识（标明功能）

室内疏散指示（标明疏散方向）

安全出口标识（消防楼梯防火门处）

手动报警按钮标识（标明使用方法）

排烟口标识（标明功能）

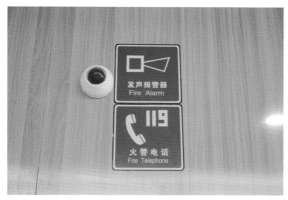

声光报警器标识（标明功能）

防火卷帘门按钮标识（标明功能及使用方法）

自动扶梯应急按钮及警示标识（一）（标明功能及位置）

自动扶梯应急按钮及警示标识（二）（标明功能及位置）

地下车库车位导向标识（方向及位置）

地下车库车位编号标识

9.3　安装工程标识

地下室顶棚明装管道标识（标明功能及流向）

空调机房设备及管道（标明功能及流向）

空调机房管道标识（标明功能及流向）

消防机房（标明设备功能、流向及阀门状态）

配电室标识（标明功能及工作状态）

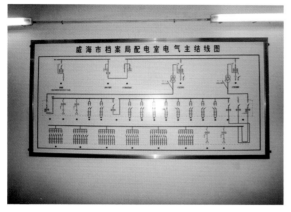

配电室内应悬挂电气主结构图

配电室内应设置灭火器

管井管道标识（标明功能及流向）

插接母线标识（标明功能及走向）

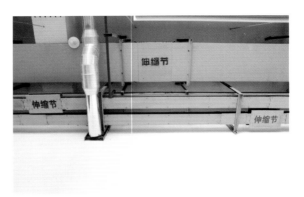

桥架伸缩节标识（标明功能）

顶棚桥架管道标识（标明功能及走向）

桥架内电缆标识（标明编号、起止点及型号）

电井桥架标识（标明功能）

电井配电箱警示标识

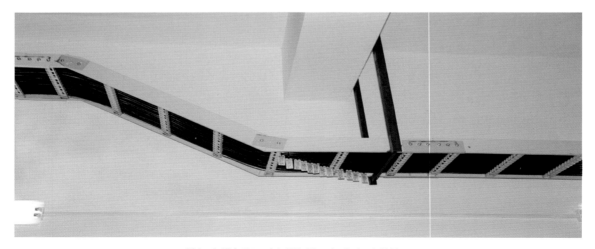

梯架电缆标识（标明编号、起止点及型号）

接地母线标识（标明功能）

风管标识（标明功能）

屋面通气管道标识（标明功能）

配电箱标识（标明线路图，回路及接地）

总等电位箱标识（标明功能、回路及系统图）

屋面避雷引下线标识（标明功能，特定标识）

接地专用标识（标明功能）

9.4　住宅工程分户验收常见标识

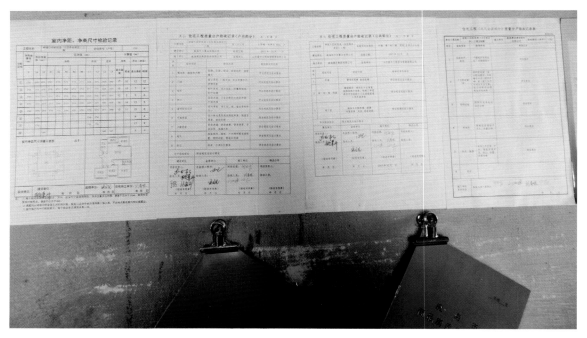

住宅工程分户验收（按要求提供使用说明书及质量保证书、分户验收结果等）

房间实测标识（标明测量点及相关数据）

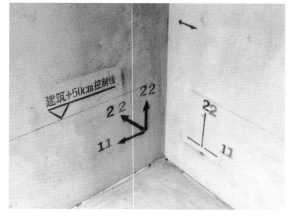

内墙面实测标识（标明测量点及实测结果等）

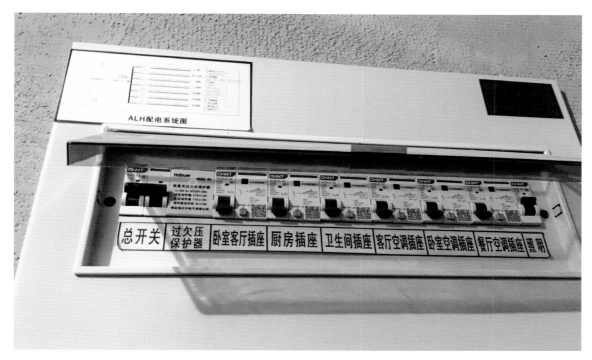

室内配电箱标识（标明各控制回路，宜粘贴配电系统图）

埋地管道标识（标明管道功能及走向等）

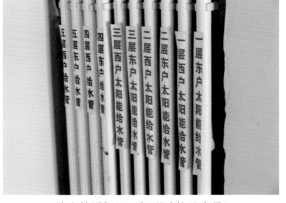

给水管道标识（标明功能及户号）

分集水器标识（标明功能及回路）

管井给水管道标识（标明功能及户号）

参考文献

[1] 《建筑工程施工质量验收统一标准》GB 50300—2013
[2] 《屋面工程质量验收规范》GB 50207—2012
[3] 《建筑地面工程施工质量验收规范》GB 50209—2010
[4] 《建筑装饰装修工程质量验收标准》GB 50210—2018
[5] 《建筑给水排水及采暖工程施工质量验收规范》GB 50242—2002
[6] 《通风与空调工程施工质量验收规范》GB 50243—2016
[7] 《建筑电气工程施工质量验收规范》GB 50303—2015
[8] 《民用建筑设计通则》GB 50352—2005
[9] 《建筑地面设计规范》GB 50037—2013
[10] 《低压配电设计规范》GB 50054—2011
[11] 《沥青路面施工及验收规范》GB 50092—1996
[12] 《住宅设计规范》GB 50096—2011
[13] 《电气装置安装工程　接地装置施工及验收规范》GB 50169—2016
[14] 《自动喷水灭火系统施工及验收规范》GB 50261—2017
[15] 《给水排水工程管道结构设计规范》GB 50332—2002
[16] 《屋面工程技术规范》GB 50345—2012
[17] 《坡屋面工程技术规范》GB 50693—2011
[18] 《建筑物防雷工程施工与质量验收规范》GB 50601—2010
[19] 《通风与空调工程施工规范》GB 50738—2011
[20] 《消防给水及消火栓系统技术规范》GB 50974—2014
[21] 《建筑幕墙》GB/T 21086—2007
[22] 《城市道路和建筑物无障碍设计规范》JGJ 50—2001
[23] 《无障碍设计规范》GB 50763—2012
[24] 《车库建筑设计规范》JGJ 100—2015
[25] 《玻璃幕墙工程技术规范》JGJ 102—2003
[26] 《金属与石材幕墙工程技术规范》JGJ 133—2001
[27] 《公共建筑吊顶工程技术规程》JGJ 345—2014
[28] 《建筑涂饰工程施工及验收规程》JGJ/T 29—2015
[29] 《住宅室内装饰装修工程质量验收规范》JGJ/T 304—2013
[30] 《住宅室内装饰装修设计规范》JGJ 367—2015
[31] 《建筑外墙涂料通用技术要求》JG/T 512—2017
[32] 《建筑涂饰工程施工及验收规程》JGJ/T 29—2015
[33] 《住宅厨房模数协调标准》JGJ/T 262—2012
[34] 《园林绿化工程施工及验收规范》CJJ 82—2012
[35] 《室外工程》12J003
[36] 《无障碍设施》鲁 L13J12
[37] 《山东省建筑工程施工工艺规程》DBJ 14—032—2004
[38] 《建筑消防设施安装质量检验评定规程》DB 37/242—2014

[39]　《建筑消防安全标识化管理规范》DB 52/T 911—2014

[40]　《国家建筑标准设计图集》15D500、15D501、15D502、15D503、14D504

[41]　《13 系列山东省建筑标准设计图集》L13S1—S11

[42]　《楼梯、栏杆、栏板一图集》15J403—1

[43]　《公用建筑卫生间》16J914—1

[44]　《住宅卫生间》14J914—2